高等学校电子信息类
基础课程名师名校系列教材

模拟电子技术基础

学习指导与习题解析

微课版

刘颖 / 主编

霍炎 李赵红 / 副主编

人民邮电出版社

北 京

图书在版编目（ＣＩＰ）数据

模拟电子技术基础学习指导与习题解析：微课版 /
刘颖主编. -- 北京：人民邮电出版社，2025.5
高等学校电子信息类基础课程名师名校系列教材
ISBN 978-7-115-64109-0

Ⅰ．①模… Ⅱ．①刘… Ⅲ．①模拟电路－电子技术－
高等学校－教学参考资料 Ⅳ．①TN710.4

中国国家版本馆CIP数据核字(2024)第066831号

内 容 提 要

　　本书是由北京交通大学模拟电子技术课程组编著的《模拟电子技术基础（微课版 支持 AR+H5 交互）》（ISBN：978-7-115-60890-1）一书的配套教材，共三部分内容。第一部分是主教材中各章的习题解析及参考答案，通过对主教材中绪论、半导体器件基础、基本放大电路、放大电路的频率响应、负反馈放大电路、模拟集成放大电路基础、基于运放的信号运算与处理电路、波形发生电路、直流稳压电源这9章的重要知识点的归纳分析，配合思维导图和对各章习题的全面解析，力图以习题为问题求解的载体，从解题思路、解题方法、解题步骤等方面帮助读者更好地掌握本课程的基本概念、电路的基本分析方法和电路的设计方法，提高读者对模拟电路的分析能力和应用电路的设计能力。第二部分为 5 套期末考试试题及参考答案。第三部分是国内部分高校硕士研究生入学考试真题及解题分析，供读者进行学习效果自测。

　　本书可作为高等院校电子信息类、电气类、自动化类、计算机类专业及相关理工科专业本科生的教材参考书和考研辅导书，也可供相关领域的科技人员参考使用。

　　◆ 主　　编　刘　颖
　　　　副 主 编　霍　炎　李赵红
　　　　责任编辑　王　宣
　　　　责任印制　胡　南
　　◆ 人民邮电出版社出版发行　　北京市丰台区成寿寺路 11 号
　　　　邮编　100164　电子邮件　315@ptpress.com.cn
　　　　网址　https://www.ptpress.com.cn
　　　　三河市君旺印务有限公司印刷
　　◆ 开本：787×1092　1/16
　　　　印张：10.5　　　　　　　　　　2025 年 5 月第 1 版
　　　　字数：276 千字　　　　　　　2025 年 5 月河北第 1 次印刷

定价：46.00 元

读者服务热线：(010)81055256　印装质量热线：(010)81055316
反盗版热线：(010)81055315

前　言

时代背景

在以电子信息领域的突破与迅猛发展为标志的信息时代，模拟电子技术作为新工科基础理论与工程应用方向的核心课程，具有突出且重要的地位。2020年7月27日，国务院印发了《新时期促进集成电路产业和软件产业高质量发展的若干政策》，提出集成电路产业和软件产业是信息产业的核心，是引领新一轮科技革命和产业变革的关键力量。2021年3月12日，《中华人民共和国国民经济和社会发展第十四个五年规划和2035年远景目标纲要》对外公布，该文件表示需要加快智能制造、高端芯片等领域关键核心技术的突破和应用，而智能制造、高端芯片等领域的基础正是电子技术。电子技术相关课程是大部分工科专业在大学培养方案中非常重要的专业基础课程。

本书结构

本书共三部分。

第一部分包括主教材中各章知识的思维导图和习题解析及参考答案，共9章。第1章为绪论的思维导图和习题解析及参考答案。第2～9章为模拟电子技术的主要内容与核心知识点的思维导图和习题解析及参考答案，涵盖半导体器件基础、基本放大电路、放大电路的频率响应、负反馈放大电路、模拟集成放大电路基础、基于运放的信号运算与处理电路、波形发生电路、直流稳压电源。本书通过分析题、计算题和设计题等各类习题解析，帮助读者强化三个学习方法：一是理解基本概念，掌握基本器件和基本电路；二是掌握基本分析方法，全面辩证地分析问题；三是注重实践训练，以结果为导向并回归实际应用。

第二部分是模拟电子技术课程的5套期末考试试题及参考答案。

第三部分是国内部分高校硕士研究生入学考试真题及解题分析。

本书特色

本书特色介绍如下。

1　各章内容与主教材一一对应

本书第一部分中的第1～9章与主教材的9章内容相对应，给出了相关概念的思维导图，并配以详细的习题解析及参考答案。

2 习题内容丰富，重点突出

本书每一个习题都对应相关章节的重要知识点，通过分析题、计算题和设计题等多种类型的习题，逐步引导读者掌握不同知识层面的概念和分析方法。

3 解析过程详尽，逻辑清晰

本书针对主教材中的每一个习题都给出了从题目用意、电路结构到电路分析的详尽解析过程，包括具体的参数计算、题目的总体思路和示范解答电路图等，保证解析过程兼具逻辑严谨和易于理解的特点，便于读者进行自主学习和测试。

4 真题导向，提升解题能力

本书特别编排了5套期末考试试题，并精选了国内部分高校硕士研究生入学考试真题，同时提供了详细的习题解析，通过实际题目帮助学生系统巩固知识点，提升解题能力。

编写团队与致谢

北京交通大学模拟电子技术课程组由北京交通大学电子信息工程学院的多位教师组成，主要负责北京交通大学模拟电子技术课程的教学与实验工作。本课程组的教师系国家级电工电子教学团队的核心成员，主持/参与了国家级精品课程、移动专用网络国家工程研究中心、国家工科基础课程电工电子教学基地等的建设工作，是一支教学、科研经验丰富、专业特色鲜明、教育教学体系改革成果突出的教师队伍。

本书由本课程组编写，并由本课程组中的骨干教师刘颖担任主编，霍炎、李赵红担任副主编。其中，霍炎负责编写第一部分中第1、2、3、4、5、6、9章的习题解析及参考答案；李赵红负责编写第7章的习题解析及参考答案；刘颖负责编写第8章的习题解析及参考答案、第二部分期末考试试题及参考答案和第三部分硕士研究生入学考试真题及解题分析等内容，并对全书进行了统稿。

联系我们

鉴于编者的水平与精力有限，书中难免存在表达欠妥之处，因此，编者由衷希望广大读者朋友和专家学者能够拨冗提出宝贵的修改建议。修改建议可以发送至编者邮箱：liuying@bjtu.edu.cn。

编　者
2024年秋于北京

目 录

3

第三部分
硕士研究生入学考试真题及解题分析

第一部分

主教材习题解析及参考答案

第1章 绪论习题解析及参考答案

1.1 思维导图

主教材中第1章首先介绍了电子技术的发展，希望学生对电子技术的发展历史、现状及未来有一个较全面的认识；其次介绍了电子技术中的基本概念，如模拟信号和数字信号、模拟电子技术和数字电子技术等；最后介绍了本课程的特点与知识图谱。

主教材中第1章的思维导图如图1.1所示。

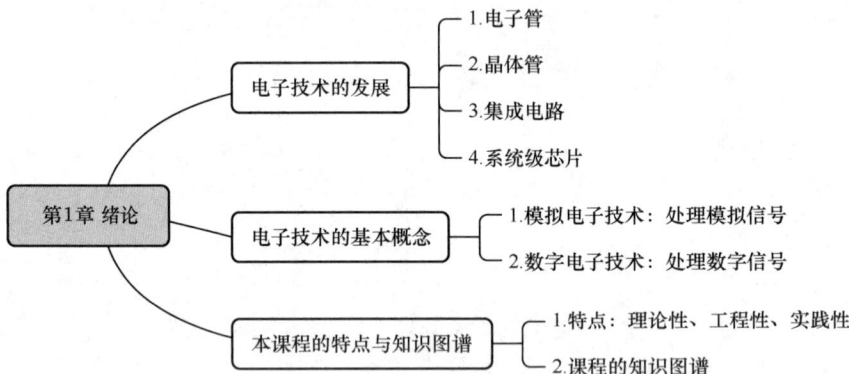

图 1.1 主教材中第 1 章的思维导图

1.2 习题解析及参考答案

习题1.1 典型电子信息系统的组成部分有哪些？各有什么功能？

知识点复习

按照处理信号类别的不同，电子信息系统可分为模拟电子信息系统和数字电子信息系统。模拟电子信息系统就是处理模拟信号的系统，数字电子信息系统就是处理数字信号的系统。电子信息系统总体来讲可分为4个部分，其作用在教材中有详细介绍。

解答

典型电子信息系统包含4个部分，分别是信号提取模块、信号预处理模块、信号加工模块和信号执行模块。各个模块功能如下。

（1）信号提取模块：通过传感器将物理信号转换为微小的电信号。

（2）信号预处理模块：利用滤波器等电路去除微小电信号中的干扰和噪声。

（3）信号加工模块：对微小电信号进行放大、转换、存储等。

（4）信号执行模块：通过功率放大器等器件，将电信号转换为物理信号，如语音信号功放。

习题1.2 模拟信号与数字信号的概念是什么？图1.2所示波形中哪些是模拟信号，哪些是数字信号？

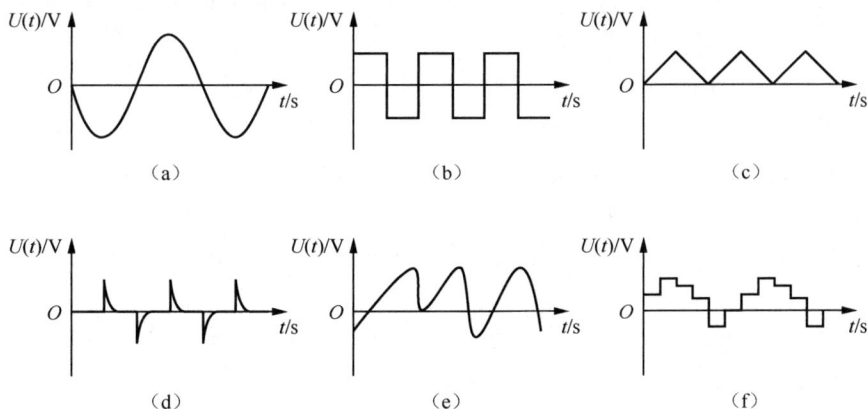

（a） 　　　　　　　　（b） 　　　　　　　　（c）

（d） 　　　　　　　　（e） 　　　　　　　　（f）

图1.2 波形图

知识点复习及分析

信号的分类方法有很多。从信号幅度连续性的角度来分类，信号可分为模拟信号和数字信号，模拟信号是指信号幅度连续的信号，数字信号是指信号幅度离散的信号。在判断随着时间变化的信号是模拟信号还是数字信号时，我们并不关心其时间是连续的还是离散的，仅关心信号的幅度是连续的还是离散的。依照定义分析图1.2，只有图1.2（b）和图1.2（f）的信号幅度是离散的，是数字信号，图1.2（b）中的信号幅度只有2个状态，图1.2（f）中的信号幅度只有3个状态；其他分图中的信号幅度都是连续的，所以是模拟信号。

【习题1.2】信号类别的判断

解答

模拟信号是信号幅度连续的信号，数字信号是信号幅度离散的信号。

依据模拟信号和数字信号的定义，判断结果如下。

图1.2（a）为模拟信号。

图1.2（b）为数字信号。

图1.2（c）为模拟信号。

图1.2（d）为模拟信号。

图1.2（e）为模拟信号。

图1.2（f）为数字信号。

习题1.3 在电子信息系统设计过程中，一般需要注意哪些问题？

知识点复习

当前的电子信息系统中广泛应用CAD（Circuit Aided Design，电路辅助设计）仿真软件，如SPICE（Simulation Program with Integrated Circuit Emphasis，通用集成电路仿真器）和Multisim等。SPICE是一种广泛使用的电子电路仿真软件，支持模拟各种模拟电路和数字电路。Multisim是由National Instruments公司开发的综合性电路仿真软件，支持模拟各种模拟电路和数字电路，它还提供了多种虚拟仪器，如示波器、函数发生器、数字化多用表等。

很多情况下，用户在利用CAD软件仿真调试所设计的电路时，电路能正常工作，但是在按照电路图制作的PCB（Printed Circuit Board，印制电路板）上焊接上电子元器件后，电路似乎受到了干扰，不能正常工作。因此在实际情况下，电路应具有一定的电磁兼容特性。另外，作为一种电子产品，还要考虑到电路的性价比、可靠性、稳定性以及可在生产过程中测试的便利性。

解答

电子信息系统在设计过程中应尽可能做到以下几点。

（1）满足系统的既定功能要求和性能指标。

（2）良好的可测性。系统应具有便于调试的测试点，具备某类故障自检测功能的电路（自检电路）和测试信号。

（3）足够的可靠性。系统应具备抗干扰能力，能够在一定时间内应对复杂条件，无故障地执行指定功能。

（4）电路应尽量简单。尽可能选用集成电路，降低可能由于分离元件、连线和焊点等因素引起的故障，提升系统的可靠性。

（5）具有电磁兼容特性。系统应既能够对所在环境中存在的电磁干扰具有一定的抗扰性，能符合要求地运行；又能够较少（或满足一定电磁干扰限制）地影响周围环境。这需要设计必要的干扰源抑制措施或阻断干扰源的传播途径（如采用金属屏蔽等），确保系统稳定运行。

（6）系统调试和生产工艺应简单易行。

（7）具有较高的性价比，提升系统的市场竞争力。

第2章 半导体器件基础习题解析及参考答案

2.1 思维导图

主教材中第 2 章半导体器件基础相关知识的思维导图如图2.1所示。

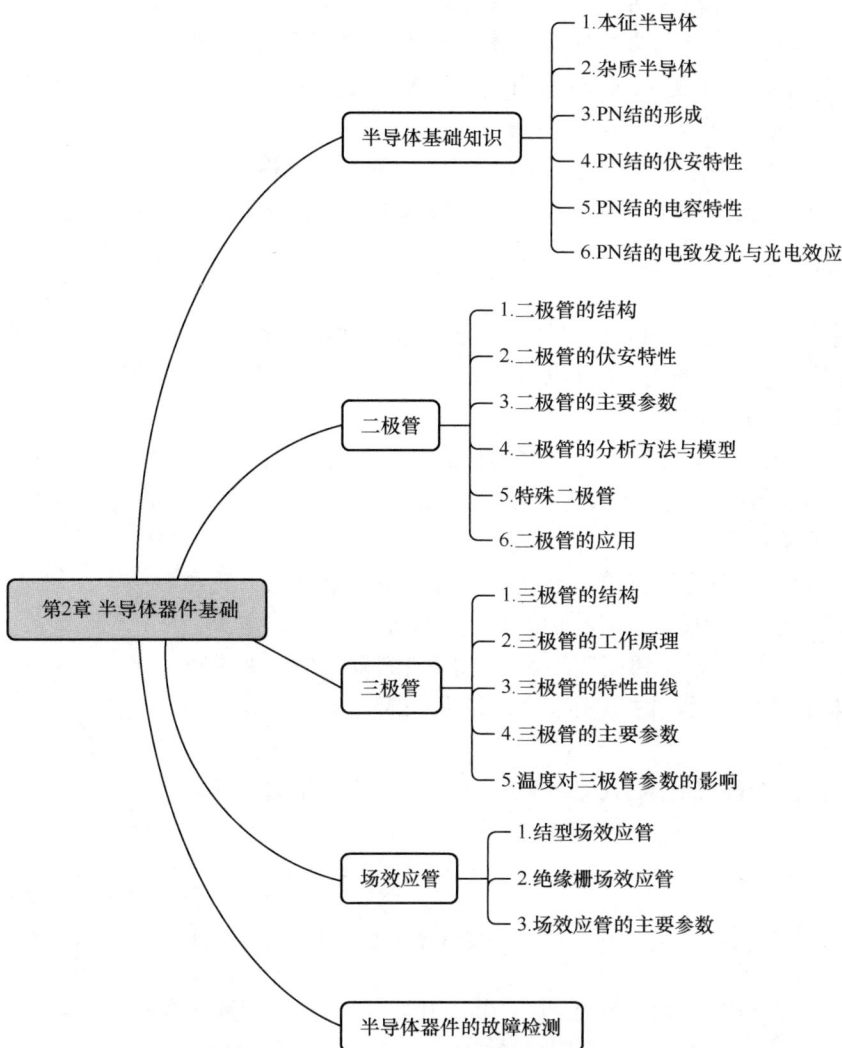

图 2.1 主教材中第 2 章的思维导图

2.2 习题解析及参考答案

习题2.1 在本征硅半导体中掺入浓度为 $5 \times 10^{15}\,\mathrm{cm}^{-3}$ 的受主杂质，请说明常温时所形成的杂质半导体类型。若再掺入浓度为 $10^{16}\,\mathrm{cm}^{-3}$ 的施主杂质，则原半导体将变为何种类型的杂质半导体？

知识点复习

自然界的物质按导电能力大小可分为导体、半导体和绝缘体三大类。自然界中的半导体物质很多，如元素半导体硅、锗，无机化合物半导体砷化镓和碘化铅等。本征半导体是指化学成分纯净、物理结构完整的半导体。

杂质半导体（extrinsic semiconductor）是指在本征半导体中掺入一定量的杂质元素后形成的半导体。根据掺入杂质元素的不同，可将杂质半导体分为 N 型和 P 型两种。电子技术中使用的半导体元器件在制作过程中通常需要使用杂质半导体。

对于N型半导体，在本征半导体（如硅、锗4价元素）中掺入杂质（如5价元素）后，自由电子的数量远远高于空穴的数量，因此自由电子是多数载流子。由于杂质原子能够释放价电子成为自由电子，因此将掺入的杂质称为施主杂质。

对于P型半导体，在本征半导体（如硅、锗4价元素）中掺入杂质（如3价元素）后，空穴的数量远远高于自由电子的数量，因此空穴是多数载流子。由于杂质原子的空位能够接受自由电子形成空穴，因此将掺入的杂质称为受主杂质。

解答

经过分析，掺入受主杂质后，本征硅半导体形成P型半导体；若再掺入施主杂质，由于掺入的施主杂质浓度高于之前的受主杂质浓度，因此经过两次掺入后的半导体等同于仅掺入受主杂质的半导体，形成P型半导体。

习题2.2 二极管是非线性元件，它的直流电阻和交流电阻有何区别？用万用表欧姆挡测量的二极管电阻属于哪一种？为什么使用万用表欧姆挡的不同量程测量出的二极管阻值不相同？

知识点复习及分析

由图2.2可知，二极管具有单向导电性，外加正向电压时，其导通电阻很小，理想化为0；外加反向电压时，其导通电阻非常大，理想化为无穷大。因此可以利用万用表的电阻挡测量二极管两端电阻，正向时电阻很小，反向时电阻很大，进而判断二极管的正、负极性。

若二极管两端的静态电压为 U_{D}，静态电流为 I_{D}，则二极管直流电阻 $R_{\mathrm{D}} = \dfrac{U_{\mathrm{D}}}{I_{\mathrm{D}}}$。

图 2.2 PN 结的伏安特性曲线

二极管交流电阻 r_{D} 是指二极管电压微变与其电流微变之比，计算公式为 $r_{\mathrm{D}} = \dfrac{\mathrm{d}u_{\mathrm{D}}}{\mathrm{d}i_{\mathrm{D}}}\bigg|_{i_{\mathrm{D}}=I_{\mathrm{Q}}} \approx \dfrac{\Delta u_{\mathrm{D}}}{\Delta i_{\mathrm{D}}}\bigg|_{i_{\mathrm{D}}=I_{\mathrm{Q}}}$。

例如，用模拟万用表的 $\mathrm{R} \times 10\Omega$、$\mathrm{R} \times 100\Omega$ 和 $\mathrm{R} \times 1\mathrm{k}\Omega$ 三个欧姆挡测量某二极管的正向电阻，如图2.3所示。由于二极管实际的电阻是确定的，而万用表不同测量挡位的内阻不同，因此随着万用表内阻的增大，测量回路中的电流将减小。而二极管在导通时电压变化范围较小，压降 U_{BE}

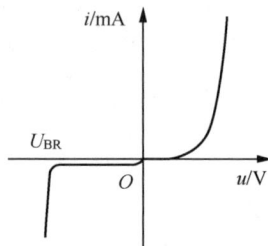

近似常数U_Q，测量得到的$R_D = \dfrac{U_Q}{I_Q}$值将增大，所以测量会得到3个不同的数据，分别是85Ω、680Ω和4kΩ。

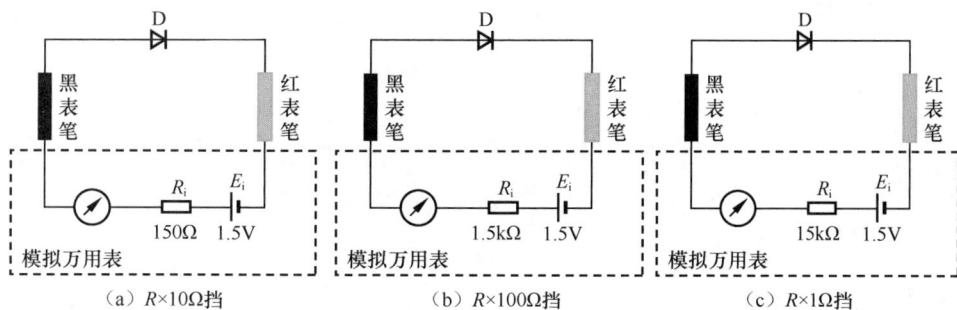

图2.3　模拟万用表不同挡位测量示意图

解答

①直流电阻和交流电阻的区别。二极管的直流电阻计算公式为$R_D = \dfrac{U_D}{I_D}$，其中U_D和I_D分别为静态时流经二极管的电压和电流，也即二极管两端的直流电压与流过它的直流电流。静态时的U_D和I_D也称为二极管的静态工作点Q。由于二极管具有非线性特征，因此静态工作点不同，其静态电阻也不同。

二极管的交流电阻r_D是指在Q点附近的电压变化量Δu_D与电流变化量Δi_D之比，其计算公式为$r_D = \dfrac{\mathrm{d}u_D}{\mathrm{d}i_D}\bigg|_{i_D=I_Q} \approx \dfrac{\Delta u_D}{\Delta i_D}\bigg|_{i_D=I_Q}$。$r_D$实际上是静态工作点Q处切线斜率的倒数。观察图2.2可知，二极管导通时，其交流电阻近似为常数。

②用万用表欧姆挡测量的二极管正向、反向电阻是二极管的直流电阻R_D；二极管的交流电阻r_D是动态电阻，不能用万用表测量。

③用欧姆挡的不同量程测量二极管的正向电阻时，由于万用表不同量程的内阻不同，测量时流过二极管的电流大小不同，即Q点位置不同，因此测得的R_D也不同。测量量程大时，其内阻大，测量的回路电流小，由于二极管导通电压近似为常数，所以正向电阻的测量结果就大；测量量程小时，其内阻小，二极管正向电阻的测量结果就小。

习题2.3　既然三极管具有两个PN结，可否用两个二极管相连构成一只三极管？请说明理由。

知识点复习及分析

三极管的三个杂质半导体区域各自引出一个电极，分别称为发射极E（Emitter）、集电极C（Collector）和基极B（Base），它们对应的杂质半导体区域分别称为发射区、集电区和基区。三个区域之间形成两个PN结，发射区和基区之间的PN结称为发射结，集电区和基区之间的PN结称为集电结。

NPN型三极管内部载流子的运动如图2.4所示，晶体管正常工作时工作在放大状态，偏置电路需要满足发射结正偏、集电结反偏。在发射结正偏的情况下，发射区向基区和集电区方向发射大量的载流子，其中少部分在基区复合，大部分到达集电区边缘。由于集电结反偏，在集电结内电场的作用下，集电区收集发射区发射过来的载流子，最后到达集电极形成集电极电流。从电路分析的角度来看，发射极电流等于基极电流和集电极电流之和。显然，其内部工作机理说明，三极管虽然具有两个PN结，但是用两个分立的二极管串接是无法实现三极管发射极发射自由电子、集电极收集自由电子的工作机理的。

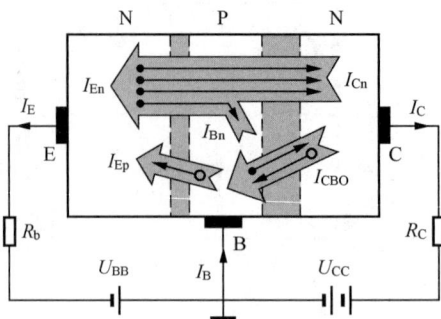

图 2.4　NPN 型三极管内部载流子的运动

解答

不能。由三极管的工作原理可知，作为一个半导体器件，三极管内部的发射结和集电结是融合一体协同工作的，工作时偏置电路要满足发射结正偏、集电结反偏的条件，这样发射区向基区和集电区方向发射大量的多数载流子（如NPN管的自由电子），其中少部分在基区复合，大部分到达集电区边缘后形成集电极电流。因此用两个分立的二极管串接是无法实现三极管功能的。

习题2.4　场效应晶体管与双极结型晶体管相比，各有什么特点？

知识点复习

场效应晶体管与双极结型晶体管（简称三极管）是两类典型的半导体放大器件，可以实现能量转化，将放大电路直流电源提供的能量通过晶体管转换为输出给负载的交流信号能量，所以晶体管的英文实际是Transister，是能量转化器的意思。通过分析可知，场效应管是电压（电场）控制器件，其输出的漏极电流由输入端栅源两端的电压决定；三极管是电流控制器件，其输出的集电极电流由输入回路的基极电流决定。场效应管是单极性载流子导电，三极管是双极性载流子导电等。

解答

（1）场效应管是电压控制器件，输入电阻高；双极结型晶体管（简称三极管）是电流控制器件，其输入电阻较小。

（2）场效应管是单极性载流子导电，而三极管是双极性两种载流子均参与导电，因而场效应管较三极管受温度、辐射的影响较小。

（3）场效应管的噪声系数很小。

（4）场效应管的源极和漏极可以互换使用，而三极管的集电极和发射极不能互换使用。

（5）场效应管比三极管种类多，故使用更加灵活。

（6）场效应管较三极管集成工艺更简单，功耗更低，工作电源电压范围宽。

习题2.5　图2.5所示的二极管为理想二极管，判断图中二极管是导通还是截止，并求出相应的输出电压。

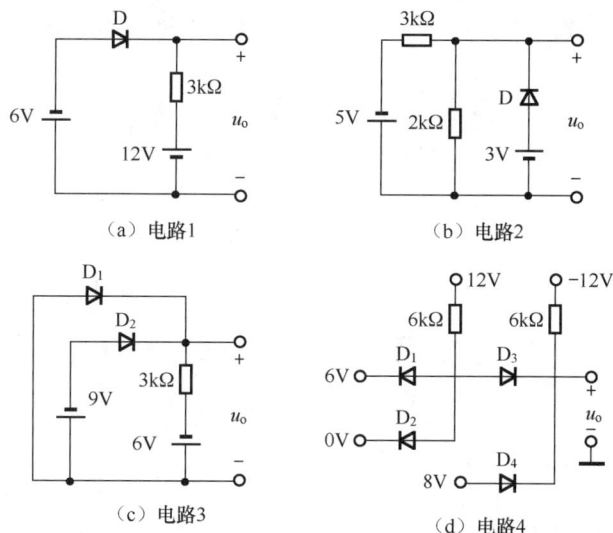

（a）电路1　　　　　　　　　　（b）电路2

（c）电路3　　　　　　　　　　（d）电路4

图 2.5　题 2.5 图

知识点复习及分析

如果电路中只有一个二极管，判断其在电路中工作状态的方法是先假设二极管断开，计算接二极管阳极端与接阴极端之间的电压（即正向电压）。如果正向电压大于二极管的导通电压，则说明二极管导通；否则截止。如果在理想情况下，二极管的正向电压大于0则导通，导通压降为0；否则截止。

如果电路中有两个以上的二极管，判断二极管在电路中工作状态的方法是通过两次或两次以上的假设过程。

第一次假设时令所有二极管断开，然后分别计算每个二极管的正向电压。如果正向电压大于二极管的导通电压，则说明二极管导通，否则截止；如果出现两个以上的二极管正向电压大小不等，但都大于导通电压，则判定正向电压较大者优先导通，其两端电压为导通电压。

第二次假设时，在认为前一次判断导通的二极管的两端电压为导通电压（理想化为0 V）的情况下，令其他二极管均断开，再一次进行判断，确定第二个导通的二极管。

采用上述方法可判断本题中二极管的导通状态。

解答

（a）将二极管断开，以二极管的两个极为端口向外看，接在二极管阳极和阴极之间的电压为 $[-6-(12)]=-18V$，二极管反偏，截止，此时输出电压为12V。

（b）将二极管断开，以二极管的两个极为端口向外看，接在二极管阳极和阴极之间的电压为 $\left(3-\dfrac{2\times10^{3}}{2\times10^{3}+3\times10^{3}}\times5\right)=1V$，大于导通电压，二极管导通。本题假设所有的二极管均为理想二极管，导通压降为0，此时输出电压为3V。

（c）首先断开二极管 D_1 和 D_2；经过分析可知二极管 D_1 阳极与阴极间的正偏电压为+6 V，D_2 阳极与阴极间的电压为-3V；因此 D_1 导通，D_2 截止；当 D_1 导通时，令 D_2 断开，此时 D_2 阳极与阴极间的电压为-9V，D_2 截止。最终结果是 D_1 导通、D_2 截止，输出为0V。

（d）电路中共有4个二极管，初步判断需要4次假设过程。

①将4个二极管全部断开，如图2.6所示；分析此时接在每个二极管阳极与阴极间的电压，

可得 $U_{D1} = 6V$ ， $U_{D2} = 12V$ ， $U_{D3} = 24V$ ， $U_{D4} = 20V$ ，判断二极管D_3先导通；此时输出电压 $u_o = 0V$ 。

②在D_3导通的情况下，再令其余3个二极管全部断开，如图2.7所示；经分析得 $U_{D1} = -6V$ ， $U_{D2} = 0V$ ， $U_{D4} = 8V$ ，判断D_4导通；此时输出电压$u_o = 8V$ 。

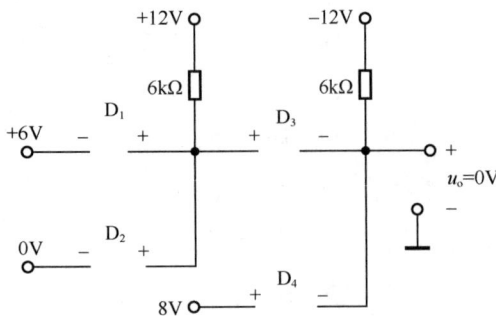

图 2.6　将 4 个二极管全部断开

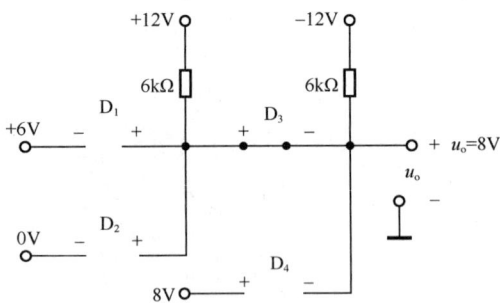

图 2.7　断开除 D_3 外的 3 个二极管

③在D_3、D_4导通的情况下，假设D_1、D_2断开，如图2.8所示，此时经分析得 $U_{D1} = 2V$ ， $U_{D2} = 8V$ ，此时D_2导通。需要注意的是此时D_3变为反偏截止，如图2.9所示，此时的判断结果是D_2、D_4通，D_3截止，此时输出电压$u_o = 8V$ 。

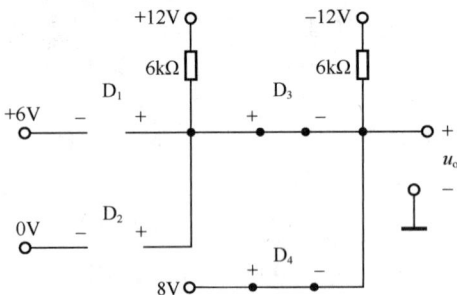

图 2.8　断开 D_1、D_2

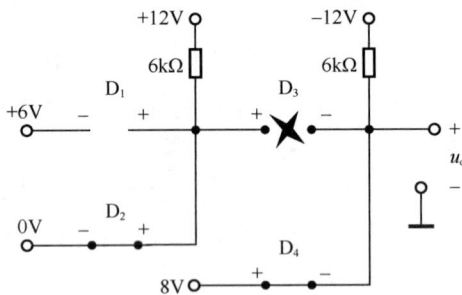

图 2.9　D_3 变为反偏截止

④在D_2和D_4导通、D_3截止的情况下，假设D_1断开，此时经分析可知 $U_{D1} = -6V$ ，显然D_1截止。

最终判断的结果是D_2和D_4导通，D_1和D_3截止，如图2.10所示，输出电压$u_o = 8V$ 。

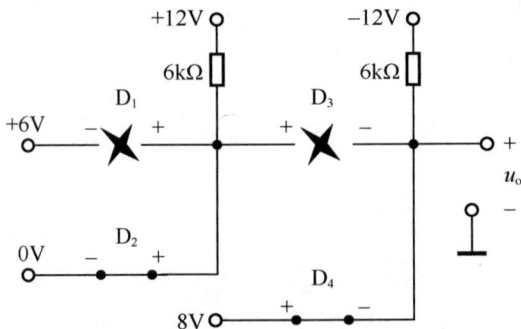

图 2.10　最终判断结果

习题2.6　已知两只硅稳压管 D_{Z1} 和 D_{Z2} 的稳定电压分别为 $U_{Z1} = 6V$ 、 $U_{Z2} = 10V$ ，若将它们

串联使用，能获得几种不同的稳定电压值？若将其并联，又能获得几种不同的稳定电压值？

知识点复习及分析

所有类别的二极管均具有二极管的单向导电性。对于题中的两个稳压管，当二者串联时，有4种组合方式，如图2.11所示；当二者并联时，也有4种组合方式，如图2.12所示。

解答

设硅管的正向导通电压为0.7V。

（1）D_{Z1} 和 D_{Z2} 串联时有4种方式，如图2.11所示。

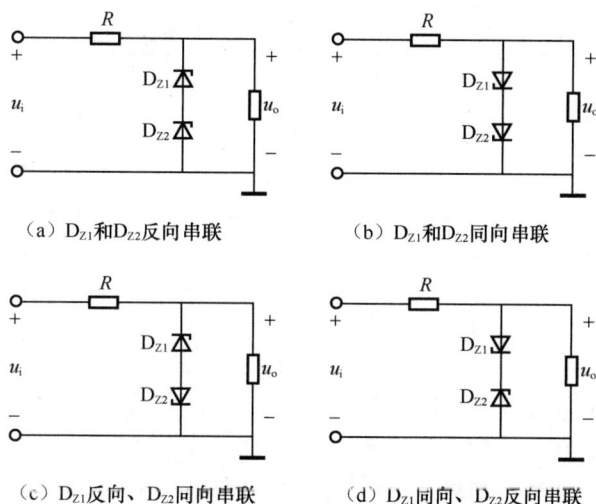

（a）D_{Z1}和D_{Z2}反向串联　　　　　（b）D_{Z1}和D_{Z2}同向串联

（c）D_{Z1}反向、D_{Z2}同向串联　　　　（d）D_{Z1}同向、D_{Z2}反向串联

图2.11　两只硅稳压管串联

D_{Z1} 和 D_{Z2} 反向串联时，可以得到的稳压值为6 + 10 = 16V；D_{Z1} 和 D_{Z2} 同向串联时，输出电压为–16V，此时无稳压作用；D_{Z1} 反向、D_{Z2} 同向串联时，可以得到的稳压值为0.7 + 6 = 6.7V或–10.7V；D_{Z1} 同向、D_{Z2} 反向串联时，可以得到的稳压值为10 + 0.7 = 10.7V或–6.7V。

通过分析可知，若将它们串联使用，能获得6种不同的稳定电压值。

（2）D_{Z1} 和 D_{Z2} 并联时有4种方式，如图2.12所示。

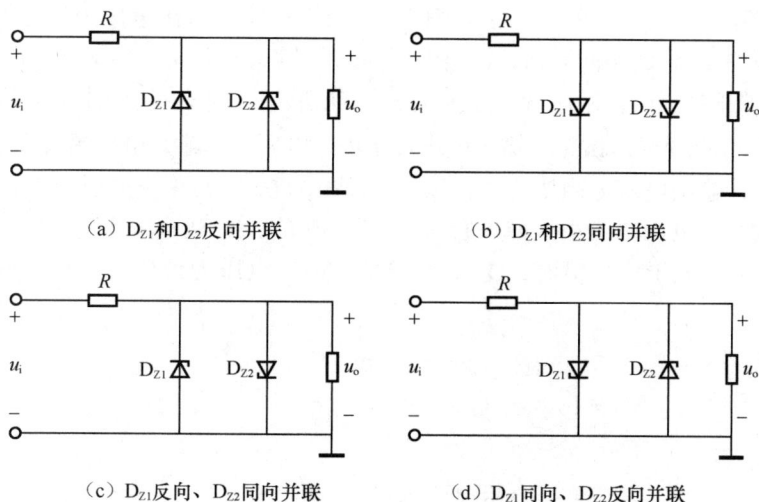

（a）D_{Z1}和D_{Z2}反向并联　　　　　（b）D_{Z1}和D_{Z2}同向并联

（c）D_{Z1}反向、D_{Z2}同向并联　　　　（d）D_{Z1}同向、D_{Z2}反向并联

图2.12　两只硅稳压管并联

D_{Z1} 和 D_{Z2} 反向并联时，可以得到的稳压值为6V。如果继续提高输入电压，D_{Z2} 还未反向击穿时，稳压管 D_{Z1} 将因反向电压过大而损坏。D_{Z1} 和 D_{Z2} 同向并联时同反向并联的情况。D_{Z1} 反向、D_{Z2} 同向并联时，输出电压为0.7V或–0.7V，无稳压作用。D_{Z1} 同向、D_{Z2} 反向并联时，输出电压为–0.7V或0.7V，无稳压作用。

通过分析可知，若将它们并联使用，能获得1种稳定电压值。

习题2.7 两个稳压电路分别如图2.13（a）和图2.13（b）所示，稳压管的稳定电压 $U_Z = 8\mathrm{V}$，输入信号 $u_i = 15\sin\omega t\,\mathrm{V}$，分别画出各个电路的输出 u_o 波形。

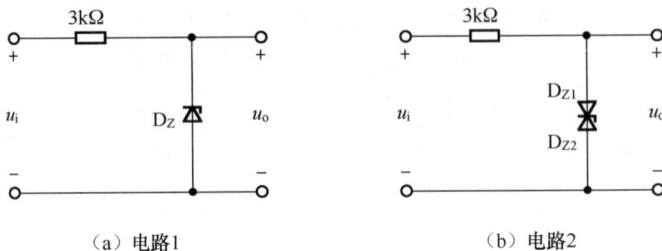

（a）电路1　　　　　　　　　（b）电路2

图 2.13　题 2.7 图

知识点复习及分析

稳压管工作在稳压状态需要满足两个条件。

（1）稳压管反偏，且满足反向击穿的条件。

（2）限流电阻的选择要满足需求。

通常在分析稳压电路时，默认满足第2个条件，主要考虑第1个条件。

本题中，在正弦波正半周时，若电压幅值小于稳压管的稳压值，稳压管截止；若等于或大于稳压值，稳压管反向击穿，输出电压为稳压管的稳压值。在正弦波负半周时，假设稳压管正向导通压降为0V，则输出电压为零。

解答

假设稳压管正向导通压降为0V。

（a）在正弦波正半周时，D_Z 反偏，当电压幅值小于稳压管 D_Z 的稳压值 U_Z 时，D_Z 截止但并未击穿，输出等于输入；当等于或大于稳压值时，D_Z 反向击穿，输出电压为稳压管的稳压值。在正弦波负半周时，稳压管 D_Z 正向导通，输出电压为0V。输出波形如图2.14（a）所示。

（b）在正弦波正半周时，稳压管 D_{Z1} 正向导通，D_{Z2} 反偏，当输入电压幅值小于稳压管的稳压值 U_Z 时，稳压管 D_{Z2} 截止但未击穿，输出电压等于输入电压；当输入电压幅值大于稳压值时，稳压管 D_{Z2} 反向击穿，输出电压为稳压管的稳压值，输出为 U_Z。在正弦波负半周时，稳压管 D_{Z2} 正向导通，D_{Z1} 反偏，当电压幅值小于稳压管 D_{Z1} 的稳压值时，D_{Z1} 截止未反向击穿，输出电压等于输入电压；当等于或大于稳压值时，D_{Z1} 反向击穿，输出电压为稳压管的稳压值。输出波形如图2.14（b）所示。

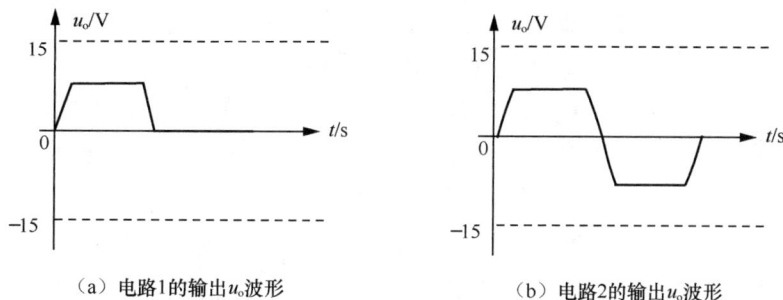

（a）电路1的输出u_o波形　　　　　　　（b）电路2的输出u_o波形

图 2.14　输出 u_o 波形

习题2.8　两个限幅电路分别如图2.15（a）和图2.15（b）所示，电路中的二极管为理想二极管，输入信号$u_i = 6\sin \omega t$V，分别画出各个电路的输出u_o波形。

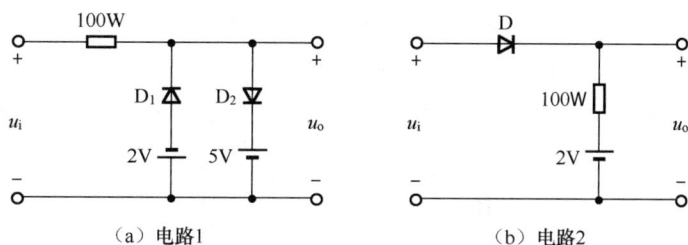

（a）电路1　　　　　　　　　　（b）电路2

图 2.15　题 2.8 图

知识点复习及分析

限幅电路是能按照限定范围削平信号电压波幅的电路，又称限幅器或削波器。限幅电路常用于以下3种情形。

（1）整形：如削去输出波形顶部或底部的干扰。

（2）波形变换：如将输出信号中的正脉冲削去，只留下其中的负脉冲。

（3）过压保护：如强信号干扰有可能损坏电路中的某个电路系统时，可在这个部件前接入限幅电路。

在图2.15（a）所示的限幅电路中，二极管的作用就是利用其单向导电性来限制输出电压。u_i是正弦波周期信号。当输入信号u_i为正半周时，D_1截止；当输入信号小于5V时，二极管D_2截止，输出等于输入；当输入信号大于5V时，二极管D_2导通。如果假设电路中二极管具有理想特性，导通压降为0V，此时输出为5V。也就是说，当输入大于5V时，输出信号都被削平为5V。当输入信号u_i为负半周时，分析过程相同，不再赘述。

本题用来帮助学生掌握理想二极管的特点和二极管限幅电路的分析方法等相关知识点。

解答

（a）图2.15（a）的分析过程如下。

经分析，这是一个双向限幅电路，上限幅电平为5V，下限幅电平为-2V。

①当$-2\text{V} \leqslant u_i \leqslant 5\text{V}$时，$D_1$和$D_2$均反偏截止，$u_o = u_i$。

②当$u_i > 5\text{V}$时，D_1反偏截止，D_2正偏导通，$u_o = 5\text{V}$。

③当$u_i < -2\text{V}$时，D_1正偏导通，D_2反偏截止，$u_o = -2\text{V}$。

综上所述，电路1的输出u_o波形如图2.16（a）所示。

（b）图2.15（b）的分析过程如下。

经分析，这是一个单向限幅电路，下限幅电平为2V。

当 $u_i > 2V$ 时，D正偏导通，$u_o = u_i$；当 $u_i \leq 2V$ 时，D反偏截止，回路电流为0，$u_o = 2V$，电路2输出 u_o 波形如图2.16（b）所示。

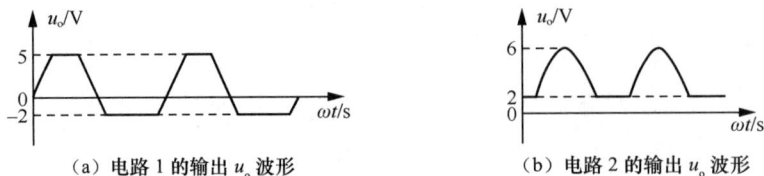

（a）电路 1 的输出 u_o 波形   （b）电路 2 的输出 u_o 波形

图 2.16　输出 u_o 波形

习题2.9　电路如图2.17（a）所示，二极管的伏安特性如图2.17（b）所示，常温下 $U_T \approx 26mV$，电容 C 对交流信号可视为短路，u_i 为正弦波信号，有效值为10mV。

（1）二极管在输入电压为0时的电流和电压各为多少？

（2）二极管中流过的交流电流有效值为多少？

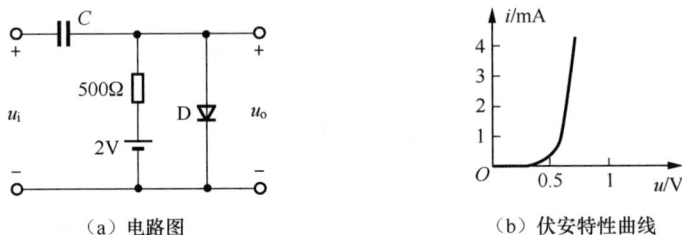

（a）电路图   （b）伏安特性曲线

图 2.17　题 2.9 图

知识点复习及分析

这是一个二极管应用电路的分析题，目的是培养学生分析问题的能力。电路中的电容 C 对于交流信号可视为短路，说明其容值较大，容抗 $\dfrac{1}{j\omega C}$ 幅值较小，为了简化分析，可视为短路。

输入电压为0时的分析实际就是电路的静态分析，此时由2V直流电源、500Ω电阻和二极管D构成回路，二极管导通。回路电流可以利用解析法和图解法分析计算，此时二极管电流就是回路中的电流，输出电压为二极管的导通电压。若假设二极管导通电压为0.7V，则此时输出电压就是0.7V。

输入为正弦波信号时的分析为典型的交流分析，此时可认为电容 C 短路。

解答

（1）静态分析。利用图解法可以方便地求出二极管的静态工作点Q。在输入电压为0时，二极管导通，电阻 R 中的电流与二极管D中的电流相等。因此，二极管的端电压可写为 $u_D = U - i_D R$。根据该线性方程，在二极管的伏安特性坐标系中画出 i_D 与 u_D 的关系曲线，与伏安特性曲线的交点就是Q点，如图2.18所示。Q点的坐标值即为二极管的直流电流和电压值，$U_D \approx 0.7V$，$I_D \approx 2.6mA$。

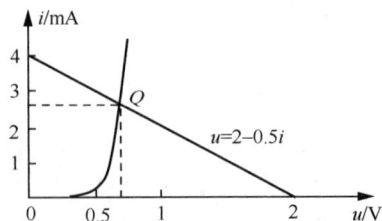

图 2.18　静态工作点 Q

（2）动态分析。根据二极管动态电阻的定义，利用二极管的电流方程，可得Q点的动态电阻

为 $r_d \approx \dfrac{U_T}{I_D} = \dfrac{26}{2.6} = 10\Omega$。根据已知条件，通过电容耦合将输入信号 u_i 耦合到二极管两端，二极管

的交流电压有效值为10 mV，故流过的交流电流有效值为 $I_d = \dfrac{u_i}{r_d} = \dfrac{10}{10} = 1\text{mA}$。

习题2.10　放大电路中各个三极管3个电极的直流电位如图2.19所示，分析并判断它们的管型（NPN、PNP）、管脚以及半导体材料（硅或锗）。

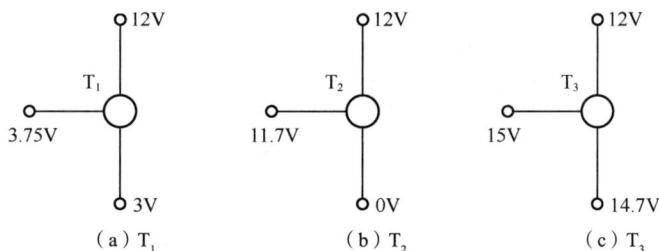

图 2.19　题 2.10 图

知识点复习及分析

判断依据主要有以下两条。

（1）三极管在放大状态时，发射结正偏，集电结反偏。题中说明"放大电路中各个三极管3个电极的直流电位如图2.19所示"，说明电路的三极管在连接时没有错误，不会出现反向连接情况。通常情况下，三极管应工作在放大状态，只有在极特别情况下（如外部干扰等）可能工作在饱和状态和截止状态。本题默认三极管工作在放大状态。

（2）对于NPN型三极管，在饱和、截止和放大状态时，其3个电极的电流方向应满足的规律为：基极电流流入三极管，发射极电流流出三极管，集电极电流流入三极管；在放大状态时，发射结正偏，集电结反偏，此时3个电极的电压满足 $U_C > U_B > U_E$。对于硅、锗型三极管，其发射结压降 U_{BE} 分别约为0.7V、0.3V。

对于PNP型三极管，其3个电极的电流方向应满足的规律为：基极电流流出三极管，发射极电流流入三极管，集电极电流流出三极管；在放大状态时，发射结正偏，集电结反偏，$U_C < U_B < U_E$。对于硅、锗型三极管，其发射结压降 U_{BE} 分别约为-0.7V、-0.3V。

根据此规律，可以对本题电路中三极管的工作状态进行正确判断。

本题目的是考核学生是否掌握通过实验来判断管型和管脚的方法。在实验室中，常常通过对电路中三极管各管脚电位的测试来判断三极管的类型、材料及其工作状态。

解答

假设图2.19中三极管为小功率管，硅管导通时发射结压降大约为0.7V，锗管导通时发射结压降大约为0.3V。NPN型三极管工作在放大状态时，电位满足 $U_C > U_B > U_E$；PNP型三极管工作在放大状态时，电位满足 $U_C < U_B < U_E$。

经分析判断，结果如下。

（1）图2.19（a）中，T_1 有两个极的电位相差0.75V，若其为发射结，另一端为集电极C，电路中电位满足 $U_C > U_B > U_E$，所以判定 T_1 为硅管。

（2）图2.19（b）中，T_2 有两个极的电位相差0.3V，若其为发射结，另一端为集电极C，电路

中电位满足 $U_C < U_B < U_E$ ，所以判定T$_2$为锗管。

（3）T$_3$有两个极的电位相差0.3V，若其为发射结，另一端为集电极C，电路中电位满足 $U_C < U_B < U_E$ ，所以判定T$_3$为锗管。

判断结果如图2.20所示。

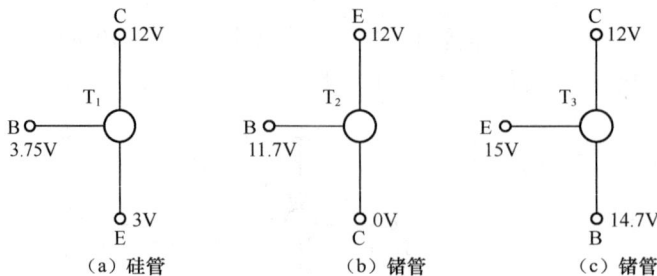

图 2.20　判断结果

习题2.11　测得某三极管的电流为 $I_E = 2\text{mA}$ ，$I_B = 50\mu\text{A}$ ，$I_{CBO} = 1\mu\text{A}$ ，求 $\bar{\alpha}$ 、$\bar{\beta}$ 及 I_{CEO} 。

知识点复习及分析

本题主要是帮助学生掌握三极管相关参数 $\bar{\alpha}$ 、$\bar{\beta}$ 及 I_{CEO} 的定义及计算方法。$\bar{\alpha}$ 、$\bar{\beta}$ 和 I_{CEO} 之间的换算关系如下所示：

$$I_C = \bar{\alpha}I_E + I_{CEO} \approx \bar{\alpha}I_E$$
$$I_{CEO} = (1+\bar{\beta})I_{CBO}$$
$$I_C = I_E - I_B$$
$$\bar{\alpha} = \frac{I_{Cn}}{I_E} \approx \frac{I_C}{I_E}$$
$$\bar{\beta} = \frac{\bar{\alpha}}{1-\bar{\alpha}}$$

解答

由 $I_C \approx \bar{\alpha}I_E$ 且 $I_E = I_C + I_B$ ，可得

$$\bar{\alpha} \approx \frac{I_C}{I_E} = \frac{I_E - I_B}{I_E} = 0.975$$
$$\bar{\beta} = \frac{\bar{\alpha}}{1-\bar{\alpha}} = 39$$
$$I_{CEO} = (1+\bar{\beta})I_{CBO} = 40\mu\text{A}$$

习题2.12　某放大电路中三极管3个电极的电流如图2.21所示，已测得 $I_A = 1.5\text{mA}$ ，$I_B = 0.03\text{mA}$ ，$I_C = -1.53\text{mA}$ 。试分析A、B、C中哪个是基极，哪个是发射极？该管的 $\bar{\beta}$ 为多少？

知识点复习及分析

题干中"某放大电路中三极管3个电极的电流如图2.21所示"，即说明电路的三极管在连接时没有错误，不会出现反向连接情况。通常情况下，其应工作在放大状态。

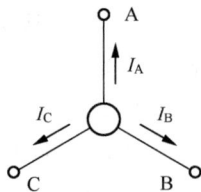

图 2.21　题 2.12 图

若该管为NPN型三极管，在放大状态时，基极电流流入三极管，发射极电流流出三极管，集

电极电流流入三极管，三个电极的电压满足 $U_C > U_B > U_E$。对于硅、锗型三极管，其发射结压降 U_{BE} 分别约为0.7、0.3V。

若该管为PNP型三极管，在放大状态时，基极电流流出三极管，发射极电流流入三极管，集电极电流流出三极管，三个电极的电压满足 $U_C < U_B < U_E$。对于硅、锗型三极管，其发射结压降 U_{BE} 分别约为-0.7V、-0.3V。

【习题 2.12】晶体三极管应用

无论是NPN型三极管还是PNP型三极管，均有 $I_E = I_C + I_B$，$I_C = \bar{\beta} I_B$，由此可判断出C端为集电极、A端为发射极、B端为基极。

解答

由 $I_E = I_C + I_B$ 可判断出C为发射极，另外两端为基极和集电极。

由 $I_C \approx \bar{\beta} I_B$ 可知A为集电极，B为基极，$\bar{\beta} = \dfrac{1.5}{0.03} = 50$。

习题2.13　某放大电路中5只场效应管3个电极的电位分别如表2.1所示，请分析它们分别是哪种沟道的场效应管，指明相应的工作状态。

表2.1　题2.13表

序号	$U_{GS,th}$ 或 $U_{GS,off}$ / V	U_S / V	U_G / V	U_D / V	沟道类型	工作状态
结型场效应管 T_1	3	1	3	-10		
结型场效应管 T_2	-3	3	-1	10		
MOS场效应管 T_3	-4	5	0	-5		
MOS场效应管 T_4	4	-2	3	-1.2		
MOS场效应管 T_5	-3	0	0	10		

知识点复习及分析

N沟道结型场效应管、增强型MOS场效应管、耗尽型MOS场效应管的图形符号、转移特性、输出特性曲线如图2.22所示；P沟道在此不再画出。熟记场效应管的特性，对于分析问题非常重要。

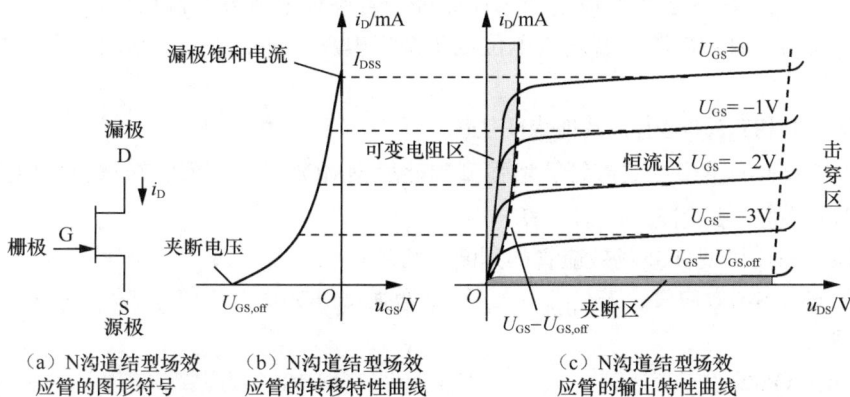

（a）N沟道结型场效应管的图形符号　（b）N沟道结型场效应管的转移特性曲线　（c）N沟道结型场效应管的输出特性曲线

图2.22　N沟道结型场效应管、增强型和耗尽型MOS场效应管的图形符号与特性曲线

（d）N沟道增强型MOS （e）N沟道增强型MOS场效 （f）N沟道增强型MOS场效应管
　　场效应管的图形符号 　　应管的转移特性曲线 　　的输出特性曲线

（g）N沟道耗尽型MOS （h）N沟道耗尽型MOS场效 （i）N沟道耗尽型MOS场效应管
　　场效应管的图形符号 　　应管的转移特性曲线 　　的输出特性曲线

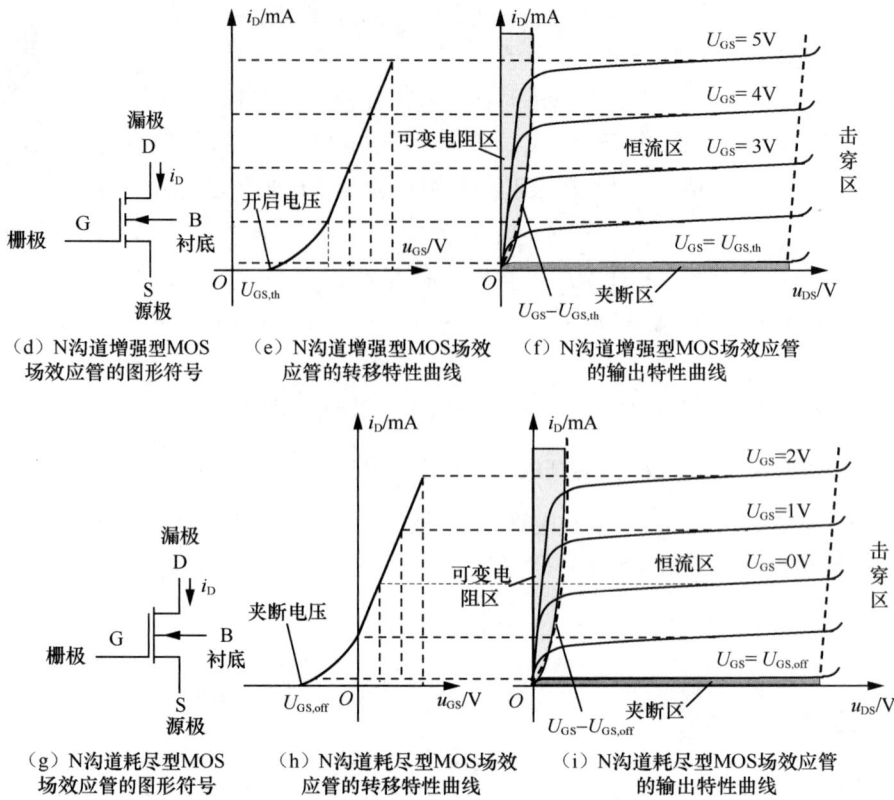

图2.22　N沟道结型场效应管、增强型和耗尽型MOS场效应管的图形符号与特性曲线（续）

根据场效应管转移特性曲线中的$U_{GS,th}$或$U_{GS,off}$、漏极和源极之间的电压可判断管型，根据栅源电压U_{GS}和U_{DS}的大小可判断场效应管的工作状态。放大电路中的场效应管通常工作在恒流区，但是在一定的情况下（如干扰等），也可能工作在可变电阻区或夹断区。

【习题2.13】场效应管应用

对于本题，由题意可知题中5个放大电路的设计是正确的，判断分析思路如下。

（1）P沟道、N沟道的判断方法。

根据各类P沟道和N沟道场效应管的工作原理，若漏极电压高于源极电压，即$u_D > u_G$，则判断为N沟道场效应管放大电路；若漏极电位低于源极电压，即$u_D < u_G$，则判断为P沟道效应管放大电路。

由此可知，T_1和T_3为P沟道，其他为N沟道。

根据图2.22所示的结型场效应管、增强型和耗尽型MOS场效应管的转移特性曲线中的$U_{GS,th}$或$U_{GS,off}$可以进行进一步验证。

（2）增强型和耗尽型MOS场效应管的判断方法。

对于N沟道MOS场效应管，若$U_{GS,th} > 0$，则是增强型MOS场效应管；若$U_{GS,th} < 0$，则是耗尽型MOS场效应管。

对于P沟道MOS场效应管，若$U_{GS,th} < 0$，则是增强型MOS场效应管；若$U_{GS,th} > 0$，则是耗尽型MOS场效应管。

由此可知，T_3是P沟道增强型MOS场效应管，T_4是N沟道增强型MOS场效应管，T_5是N沟道耗尽型MOS场效应管。

（3）场效应管在恒流区、夹断区、可变电阻区工作状态的判断方法。

在完成P、N沟道的判断之后，根据栅源电压u_{GS}和u_{DS}之间的关系可判断场效应管的工作状态。

对于N沟道结型场效应管，如果$U_{GS} < U_{GS,off}$，导电沟道被夹断，结型场效应管工作在夹断区。如果$U_{GS,off} < U_{GS} < 0$，导电沟道未被夹断，则结型场效应管工作在恒流区或者可变电阻区。此时若U_{DS}较小，满足$U_{DS} < U_{GS} - U_{GS,off}$（或$U_{GD} > U_{GS,off}$），结型场效应管工作在可变电阻区；若$U_{DS}$较大，$U_{DS} > U_{GS} - U_{GS,off}$（或$U_{GD} < U_{GS,off}$），结型场效应管工作在恒流区。P沟道结型场效应管的判断同理，此处不再赘述。

经过判断，P沟道结型场效应管T_1工作在恒流区，N沟道结型场效应管T_2工作在夹断区。

对于N沟道增强型MOS场效应管，如果$U_{GS} < U_{GS,th}$，则工作在夹断区；如果$U_{GS} > U_{GS,th}$，则工作在恒流区和可变电阻区。此时若$U_{DS} > U_{GS} - U_{GS,off}$，则工作在恒流区；否则工作在可变电阻区。P沟道道增强型MOS场效应管的判断同理，此处不再赘述。

经过判断，显然T_4是N沟道增强型MOS场效应管，工作在可变电阻区；P沟道耗尽型MOS场效应管T_3工作在恒流区。

对于N沟道耗尽型MOS场效应管，其判断思路与N沟道增强型MOS场效应管相似。如果$U_{GS} < U_{GS,off}$，则工作在夹断区；如果$U_{GS} > U_{GS,off}$，则工作在恒流区和可变电阻区。若此时$U_{DS} > U_{GS} - U_{GS,off}$，管子工作在恒流区；否则工作在可变电阻区。

经过判断，显然T_5是N沟道耗尽型MOS场效应管，工作在恒流区。

本题主要考察学生是否掌握了场效应管的特性，是否能够通过场效应管各极电位来判断场效应管的类型。

解答

（1）由于T_1为结型场效应管，且$U_{GS,off} = 3V > 0$，所以为P沟道结型场效应管。由于$u_{GS} = U_G - U_S = 2V < U_{GS,off}$，$u_{GD} = 13V > U_{GS,off}$，故$T_1$工作在恒流区。

（2）由于T_2为结型场效应管，且$U_{GS,off} = -3V < 0$，所以为N沟道结型场效应管。由于$u_{GS} = U_G - U_S = -4V < U_{GS,off}$，故$T_2$工作在夹断区。

（3）T_3为MOS场效应管，由于$U_D < U_S$，所以是P沟道场效应管。由于$U_{GS,th} = -4V$，所以是增强型MOS场效应管。由于$u_{GS} = U_G - U_S = -5V < U_{GS,th}$，且$u_{GD} = U_G - U_D = 5V > U_{GS,th}$，所以$T_3$工作在恒流区。

（4）T_4为MOS场效应管，由于$U_D > U_S$，所以是N沟道场效应管。由于$U_{GS,th} = 4V > 0$，所以是增强型MOS场效应管。由于$u_{GS} = U_G - U_S = 5V > U_{GS,th}$，且$u_{GD} = U_G - U_D = 4.2V > U_{GS,th}$，所以$T_4$工作在可变电阻区。

（5）T_5为MOS场效应管，由于$U_D > U_S$，所以是N沟道场效应管。由于$U_{GS,off} = -3V < 0$，所以是耗尽型MOS场效应管。由于$u_{GS} = U_G - U_S = 0 > U_{GS,th}$，且$u_{GD} = U_G - U_D = -10V < U_{GS,off}$，所以$T_5$工作在恒流区。

将以上结果填入表2.1中，如表2.2所示。

表2.2　分析结果

序号	$U_{GS,th}$ 或 $U_{GS,off}$ / V	U_S/V	U_G/V	U_D/V	沟道类型	工作状态
结型场效应管T_1	3	1	3	−10	P沟道结型场效应管	恒流区
结型场效应管T_2	−3	3	−1	10	N沟道结型场效应管	夹断区
MOS场效应管T_3	−4	5	0	−5	P沟道增强型MOS场效应管	恒流区
MOS场效应管T_4	4	−2	3	−1.2	N沟道增强型MOS场效应管	可变电阻区
MOS场效应管T_5	−3	0	0	10	N沟道耗尽型MOS场效应管	恒流区

习题2.14　某结型场效应管的转移特性曲线如图2.23所示。

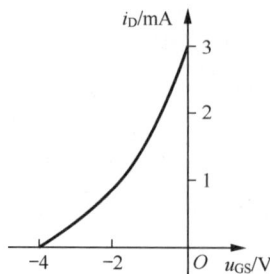

图2.23　题2.14图

（1）它是N沟道还是P沟道的场效应管？

（2）它的夹断电压$U_{GS,off}$和饱和漏极电流I_{DSS}各是多少？

知识点复习及分析

根据各类场效应管的转移特性曲线，可判断出图2.23所示的曲线是N沟道结型场效应管的转移特性曲线。根据曲线的物理意义，可以确定该结型场效应管的夹断电压$U_{GS,off}$和漏极电流I_{DSS}。

【习题2.15】场效应管应用

解答

（1）经判断，该管是N沟道结型场效应管。

（2）夹断电压$U_{GS,off}=-4V$，饱和漏极电流$I_{DSS}=3mA$。

习题2.15　N沟道增强型MOS场效应管组成的电路如图2.24所示。该管子的输出特性曲线如图2.24（b）所示，请分析当输入信号u_i分别为0V、8V、10V时管子的状态，并计算输出电压u_o的值。

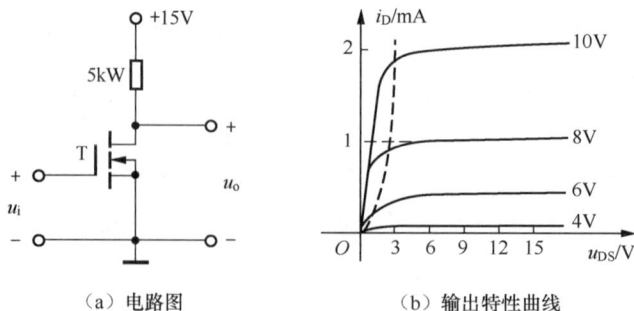

（a）电路图　　　　（b）输出特性曲线

图2.24　题2.15图

知识点复习及分析

图2.24（a）中，N沟道增强型MOS场效应管的开启电压为$U_{GS,th}=4V$。电路中输入电压直接接在栅源两端，$u_{GS}=u_i$，当输入u_i小于开启电压时，场效应管未开启，场效应管工作在夹断区；当输入u_i大于开启电压时，场效应管工作在恒流区或可变电阻区。根据特性曲线和电路图可计算输出电压，根据u_{DS}与$u_{GS}-U_{GS,th}$（或u_{GD}与$U_{GS,th}$）的关系可进一步判断其工作状态。

解答

（1）从输出特性曲线可知$u_{GS,th}=4V$，当$u_i=0$（即$u_{GS}=0$时）$u_{GS}<u_{GS,th}$，场效应管工作在夹断区，所以$i_D=0$，则$u_o=u_{DS}=U_{DD}-i_D R_D=15V$。

（2）当$u_i=8V$（即$u_{GS}=8V$）时，从输出特性曲线可知$i_D=1mA$，则$u_o=u_{DS}=U_{DD}-i_D R_D$ $=15-5=10V$，此时$u_{DS}>u_{GS}-u_{GS,off}$，场效应管工作在恒流区。

（3）当$u_i=10V$（即$u_{GS}=10V$）时，假设场效应管工作在恒流区，由图2.24可知$i_D\approx 2mA$，因而可求出$u_o=u_{DS}=U_{DD}-i_D R_D=15-10=5V$。此时$u_{DS}<u_{GS}-U_{GS,th}=10-4=6V$，$u_{DS}$较小，可判断管子工作在可变电阻区。在可变电阻区，漏极电流要小于$2mA$。由图2.24（b）可知，$i_D=f(u_{DS})\big|_{u_{GS}=10V}$的斜率的倒数就是漏极和源极间的等效电阻，此时漏极和源极间的等效电阻为$r_{DS}=\dfrac{u_{DS}}{i_D}\approx\dfrac{3}{2}=1.50k\Omega$，所以$u_o=\dfrac{r_{DS}}{r_{DS}+R_D}U_{DD}=\dfrac{1.5}{1.5+5}\times 15\approx 3.46V$。

第3章 基本放大电路习题解析及参考答案

3.1 思维导图

主教材中第3章基本放大电路相关知识的思维导图如图3.1所示。

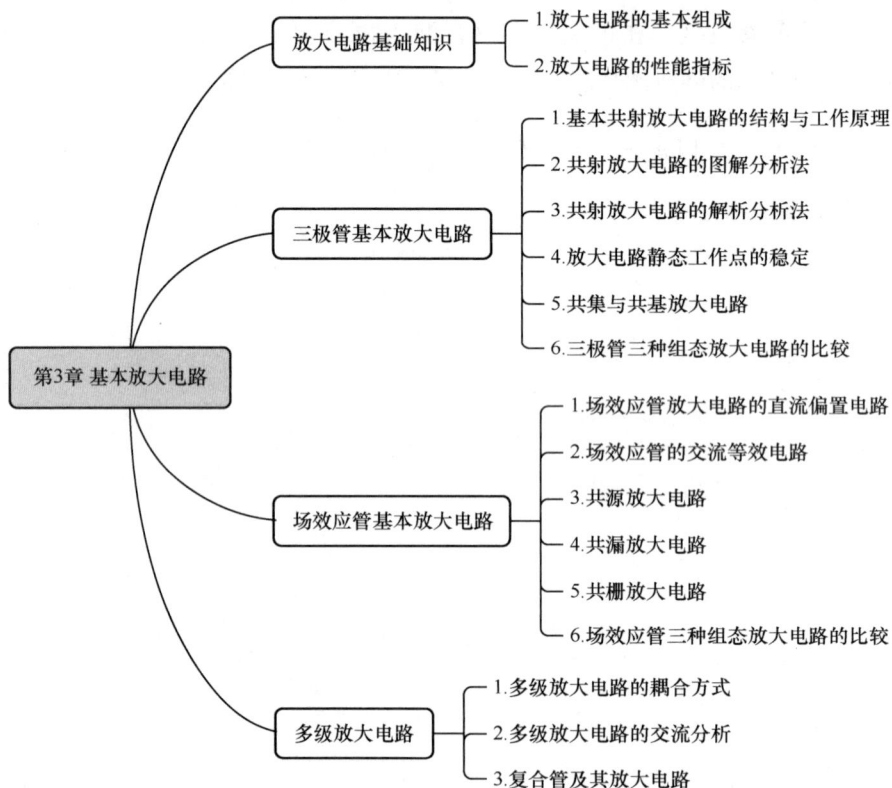

图 3.1 主教材中第 3 章的思维导图

3.2 习题解析及参考答案

习题3.1 图3.2所示为三极管放大电路的分压式直流偏置电路，$R_1 = 27\text{k}\Omega$，$R_2 = 3.9\text{k}\Omega$，

$R_\mathrm{C} = 2.7\mathrm{k\Omega}$， $R_\mathrm{E} = 470\Omega$， $\beta = 100$， $V_\mathrm{CC} = 12\mathrm{V}$。

（1）计算此电路的静态工作点Q。

（2）画出直流负载线，标注出静态工作点位置，并讨论此静态工作点是否合适。如偏高或偏低，应如何调整？

知识点复习及分析

分析静态工作点，就是求解电路中信号源为0（电压源短路、电流源开路）时的基极电流 I_BQ、集电极电流I_CQ、发射结压降U_BEQ和管压降U_CEQ。

图 3.2 题 3.1 图

放大电路的分析主要有两种方法，一是解析分析法，二是图解分析法。

在解析分析法分析过程中，需要已知发射结压降U_BEQ和电流增益 β。由于三极管是电流控制器件，所以计算方法通常由以下两个步骤组成。

（1）首先画出电路的直流通路。本题中，图3.2直接给出了放大电路的直流通路。

（2）然后画出包含三极管发射结的输入回路，计算基极电流I_BQ或发射极电流I_EQ和发射结压降U_BEQ；最后利用电流增益系数α或β，计算输出回路电流和管压降U_CEQ。

图解分析法是基于三极管输入、输出特性曲线展开求解的，优点在于能够直观形象地反映三极管的工作情况，但必须有三极管的实测特性曲线才能完成，因此在进行定量分析时会存在较大的误差。图解分析法分析计算静态工作点的步骤如下。

（1）依据放大电路画出直流通路。

（2）在三极管输入特性曲线坐标系中绘制输入直流负载线，得到其与输入特性曲线的交点Q，其坐标为（U_BEQ，I_BQ），如图3.3（a）所示。

（3）在三极管输出特性曲线坐标系中绘制输出直流负载线，得到与输出特性曲线的交点Q；画图求Q点坐标（U_CEQ，I_CQ），如图3.3（b）所示［主教材中图3-10（b）］。

通常Q点尽量在放大区的中间，如果偏高（上方），叠加交流信号后可能会发生饱和失真；如果偏低（下方），叠加交流信号后可能会发生截止失真。

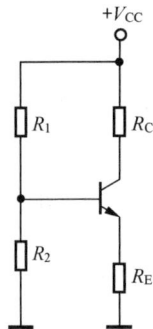

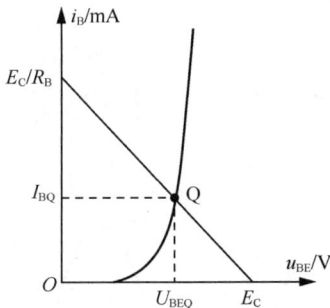

（a）输入回路的图解分析法　　（b）输出回路的图解分析法

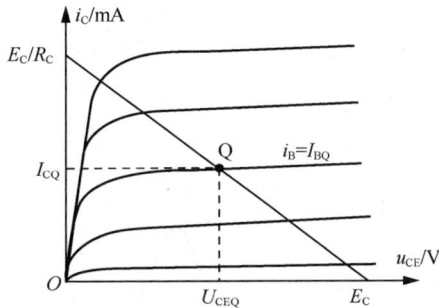

图 3.3　图解分析法求静态工作点 Q

解答

（1）若电路满足 $R_1 /\!/ R_2 \ll (1+\beta) R_\mathrm{E}$，则基极电位为

$$U_\mathrm{B} = \frac{R_2}{R_1 + R_2} V_\mathrm{CC} = 1.5\mathrm{V}$$

电路的静态工作点Q为

$$I_{BQ} = \frac{U_B - U_{BEQ}}{(1+\beta)R_E} = 0.017\text{mA}$$

$$I_{CQ} = \beta I_{BQ} = 1.7\text{mA}$$

$$U_{CEQ} \approx V_{CC} - I_{CQ}(R_C + R_E) = 12 - 1.7 \times (2.7 + 0.47) = 6.6\text{V}$$

（2）根据图3.2可得输出回路方程为

$$U_{CE} + I_C(R_C + R_E) = V_{CC}$$

$$令 I_C = 0, \quad U_{CE} = V_{CC} = 12\text{V}$$

$$令 U_{CE} = 0\text{V}, \quad I_C = \frac{V_{CC}}{R_C + R_E} = 3.785\text{mA}$$

通过以上两个坐标点即可绘制输出直流负载线。

直流负载线和静态工作点如图3.4所示，从图中可看出静态工作点位于放大区中间。如Q点偏高，说明 I_{BQ}、I_{CQ} 偏大，通过调整电阻 R_1、R_2 或 R_E 的阻值均可以将Q点调整到中间位置。例如，可增大 R_1 阻值，可减小 R_2 阻值，可增大 R_E 阻值。反之亦然。

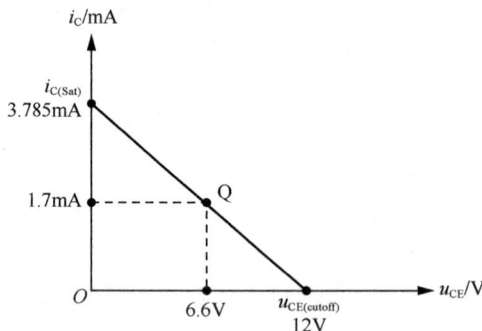

图 3.4　电路的直流负载线和静态工作点

习题3.2　图3.5（a）所示的电路当输入信号是一个正弦信号时，分别输出图3.5（b）、图3.5（c）和图3.5（d）所示的波形，请判断每一个输出信号的失真类型，并讨论如何消除这些失真。

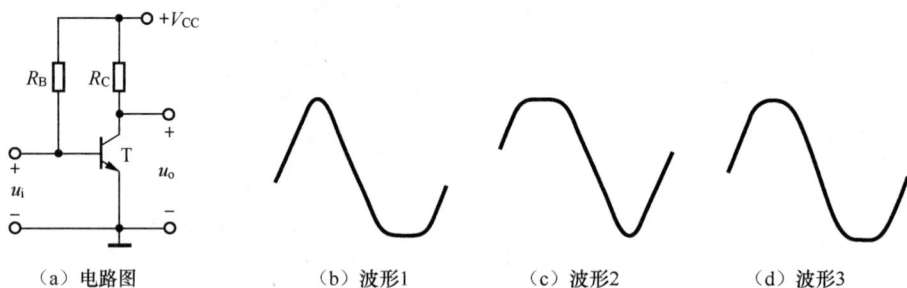

（a）电路图　　　（b）波形1　　　（c）波形2　　　（d）波形3

图 3.5　题 3.2 图

知识点复习及分析

对于CE组态放大电路，当静态工作点Q偏高时，可能出现饱和失真，对应的集电极输出近似为三极管的饱和压降，波形出现底部失真，底部值为三极管饱和压降，近似为0；当Q点偏低时，可能出现截止失真，此时三极管截止，输出回路电流为0，输出顶部为三极管的直流电源

V_{CC}，波形出现顶部失真；如果Q点合适，位于输出负载线的中间位置，但是输入信号过大时，会导致双向失真。

【习题 3.2】三极管放大电路

解答

假设仅可调整电路中的电阻阻值，而不更换三极管，分析结果如下。

图3.5（b）所示波形为底部失真，也称饱和失真，通过增大R_B、减小R_C可消除失真。

图3.5（c）所示波形为顶部失真，也称截止失真，通过减小R_B、增大R_C可消除失真。

图3.5（d）所示波形为双向失真，通过减小输入信号幅值可消除失真。

习题3.3　两个典型共射放大电路如图3.6（a）和图3.6（b）所示。

（1）试分别计算图3.6（a）和图3.6（b）中的基极电流I_{BQ}。

（2）试分别计算图3.6（a）和图3.6（b）中的输入电阻R_i。

（3）推导出两个放大电路的电压增益A_u，讨论如果移走图3.6（b）中的旁路电容C_E，对电压增益A_u有何影响。

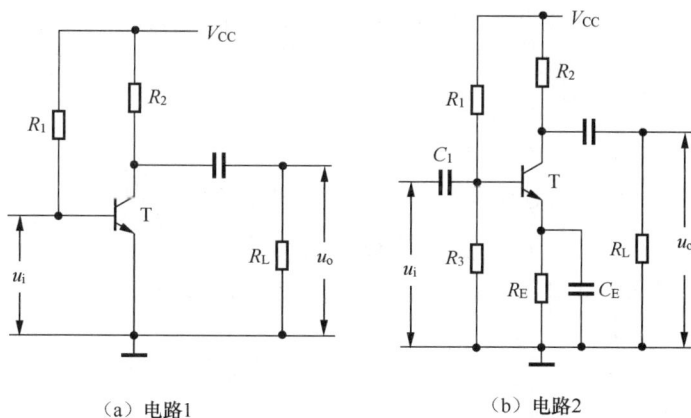

（a）电路1　　　　（b）电路2

图3.6　题3.2图

知识点复习及分析

本题需要通过静态分析计算放大电路中的基极电流I_{BQ}，通过动态分析计算输入电阻R_i和电压增益A_u。静态分析方法和动态分析方法详见主教材，在此不再赘述。本题没有要求绘制交流通路和低频小信号等效电路，如果学生已经很熟悉分析过程，可直接计算；如果不熟悉，建议画出放大电路的低频小信号等效电路后再进行分析。

解答

（1）基极电流I_{BQ}的计算。

对于图3.6（a）来说，基极电流$I_{BQ} = \dfrac{V_{CC}-U_{BE}}{R_1}$。

对于图3.6（b）来说，分压电阻的分压值$U_B = \dfrac{R_3}{R_1+R_3}V_{CC}$，基极电流$I_{BQ} = \dfrac{U_B - U_{BEQ}}{R_1 /\!/ R_3 + (1+\beta)R_E}$。

若电路满足$R_1 /\!/ R_2 <<(1+\beta)R_E$，则基极电位$U_B = \dfrac{R_3}{R_1+R_3}V_{CC}$，$I_{BQ} = \dfrac{U_B - U_{BEQ}}{(1+\beta)R_E}$。

（2）输入电阻 R_i 的计算。

对于图3.6（a）来说，输入电阻 $R_i = R_1 /\!/ h_{ie}$，其中 $h_{ie} = r_{bb'} + \dfrac{26}{I_{BQ}}$。

对于图3.6（b）来说，输入电阻 $R_i = R_1 /\!/ R_3 /\!/ h_{ie}$。

（3）放大倍数 A_u 的计算。

对于图3.6（a）来说，$A_u = \dfrac{u_o}{u_i} = -\dfrac{h_{fe}(R_2 /\!/ R_L)}{h_{ie}}$。

对于图3.6（b）来说，$A_u = \dfrac{u_o}{u_i} = -\dfrac{h_{fe} i_b (R_2 /\!/ R_L)}{i_b h_{ie}} = -\dfrac{h_{fe}(R_2 /\!/ R_L)}{h_{ie}}$。

若移走图3.6（b）中的旁路电容 C_E，则

$$A_u = \dfrac{u_o}{u_i} = -\dfrac{h_{fe} i_b (R_2 /\!/ R_L)}{i_b h_{ie} + (1 + h_{fe}) i_b R_E} = -\dfrac{h_{fe}(R_2 /\!/ R_L)}{h_{ie} + (1 + h_{fe}) R_E}$$

显然，如果移走旁路电容 C_E，会降低电路的电压增益（此时存在交流负反馈，会降低放大电路增益，详见主教材第5章负反馈放大电路）。

习题3.4 试判断图3.7（a）和图3.7（b）中的放大电路是否能正常放大。如果不能，请解释原因。

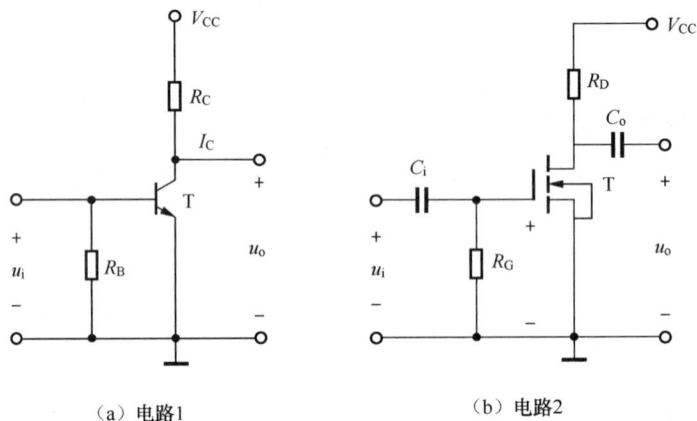

（a）电路1　　　　　　　　　（b）电路2

图 3.7　题 3.4 图

知识点复习及分析

（1）三极管放大电路能够对输入信号进行不失真的线性放大，需要遵循以下原则。

原则1：有合适的直流通路，使三极管有合适的偏置电流，确保其工作在放大区。

原则2：有合适的交流通路。在输入端，要保证待放大的、微弱的交流电压源信号能耦合到放大电路的输入回路中且有效地作用于晶体管的发射结；在输出端，要能够使放大后的输出信号有效地作用于负载。

原则3：须正向使用三极管，即只能将发射结作为输入端。

以此分析图3.7（a）中的三极管放大电路，由于输入端没有耦合电容，导致 $u_i = 0$ 时得到的直流通

【习题 3.4】三极管、场效应管放大电路

路无法给三极管提供合适的直流偏置电流，所以不能提供合适的静态工作点，无法正常放大信号。

（2）场效应管放大电路能够对输入信号进行不失真的线性放大，需要遵循以下原则。

原则1：有合适的直流通路，使场效应管有合适的偏置电流，确保其工作在恒流区。

原则2：有合适的交流通路。在输入端，要保证待放大的、微弱的交流电压源信号能耦合到放大电路的输入回路中且有效地作用于场效应管的栅源两端；在输出端，要能够使放大后的输出信号有效地作用于负载。

原则3：场效应管的漏极和源极可以互换使用。

以此分析图3.7（b）中的场效应管放大电路，由于电路中的N沟道增强型MOS场效应管没有外加合适的偏置电路，所以不能提供合适的静态工作点，无法正常放大信号。

解答

（a）不能。没有合适的直流通路，不能提供合适的静态工作点，无法正常放大信号。

（b）不能。电路中的T是一个N沟道增强型MOS场效应管，开启电压$U_{GS,th}>0$，要求直流偏置电压$U_{GSQ}>U_{GS,th}$。而电路中$U_{GSQ}=0$，不能提供合适的静态工作点，因此不能进行正常放大。

习题3.5 图3.8（a）、图3.8（b）和图3.8（c）所示电路均为场效应管放大电路。

（1）试计算3个放大电路的电压增益。

（2）试计算3个放大电路的输入电阻和输出电阻。

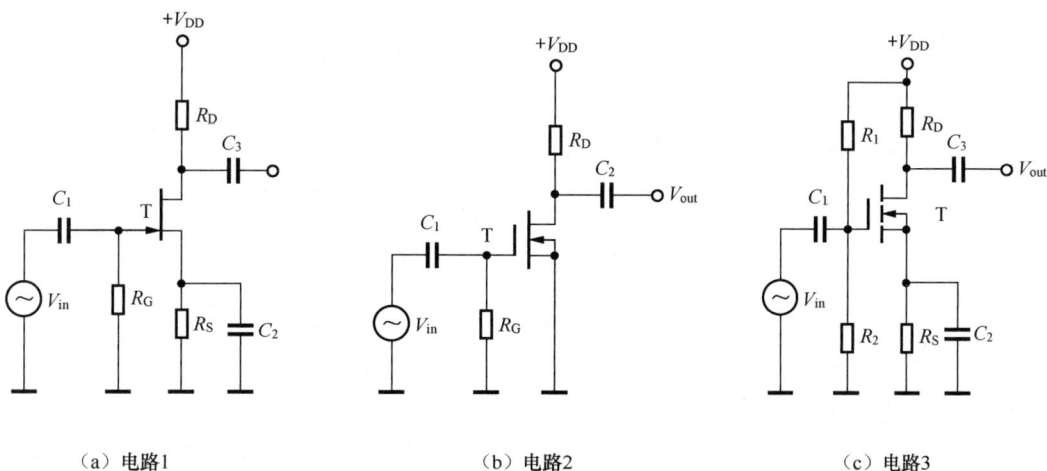

（a）电路1　　　　　　　（b）电路2　　　　　　　（c）电路3

图3.8 题3.5图

知识点复习及分析

图3.8所示是3个场效应管放大电路，图3.8（a）是N沟道结型场效应管基本放大电路，采用了自给偏置电路；图3.8（b）是N沟道耗尽型MOS场效应管基本放大电路，采用了自给偏置电路；图3.8（c）是N沟道增强型MOS场效应管基本放大电路，采用了分压式偏置电路。

本题没有要求绘制交流通路和低频小信号等效电路。如果学生已经很熟悉分析过程了，可以直接分析计算；如果不熟悉，建议按部就班，利用场效应管模型绘制出电路的低频小信号等效电路后再进行分析。

【习题3.5】场效应管放大电路

解答

（1）三个放大电路的电压增益计算。

图3.8（a）所示电路的电压增益 $A_u = -g_m R_D$ 。

图3.8（b）所示电路的电压增益 $A_u = -g_m R_D$ 。

图3.8（c）所示电路的电压增益 $A_u = -g_m R_D$ 。

（2）输入电阻和输出电阻计算。

图3.8（a）所示电路的输入电阻和输出电阻分别为 $R_i = R_G$ ， $R_o = R_D$ 。

图3.8（b）所示电路的输入电阻和输出电阻分别为 $R_i = R_G$ ， $R_o = R_D$ 。

图3.8（c）所示电路的输入电阻和输出电阻分别为 $R_i = R_1 /\!/ R_2$ ， $R_o = R_D$ 。

习题3.6　图3.9所示为一个两级放大电路，假设第一级放大电路中MOS场效应管的 $g_m = 2700\mu S$ ，第二级放大电路中三极管的 $\beta = 150$ ，电源电压 $V_{CC} = 15V$ ，各电阻值分别为 $R_1 = 20k\Omega$ ， $R_2 = R_3 = 5.1k\Omega$ ， $R_4 = 15k\Omega$ ， $R_D = 1.5k\Omega$ ， $R_S = 330\Omega$ ， $R_C = 2.7k\Omega$ ， $R_E = 500\Omega$ ， $R_L = 4.7k\Omega$ ， $r_{bb'} = 0$ 。

（1）分别判断第一级放大电路和第二级放大电路的类型。

（2）计算整个放大电路的电压增益 A_u 、输入电阻 R_i' 和输出电阻 R_o' 。

【习题 3.6】级联放大电路

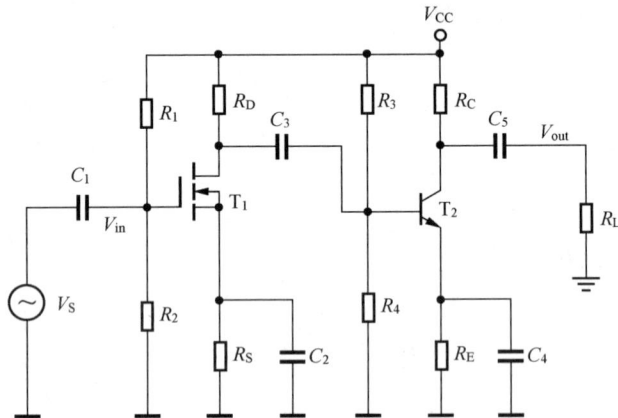

图 3.9　题 3.6 图

知识点复习及分析

图3.10所示是一个级联放大电路，共两级，第一级是共源放大电路，第二级是共射放大电路。在分析的过程中，可以通过画出电路的低频小信号等效电路来分析计算级联放大电路的 A_u 、输入电阻 R_i' 、输出电阻 R_o' ，如图3.10所示。

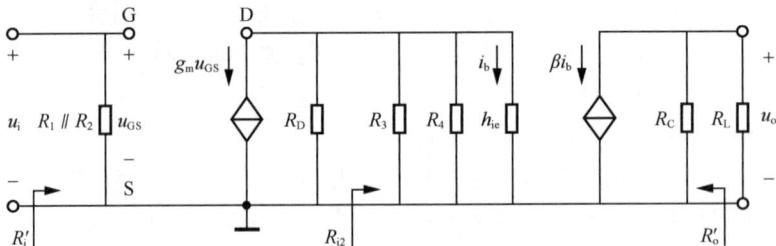

图 3.10　低频小信号等效电路

解答

（1）第一级放大电路是共源放大电路,第二级放大电路是共射放大电路。

（2）利用输入电阻法，计算整个放大电路的电压增益。

第一级：$A_{u1} = -g_m(R_D // R_{i2}) \approx -0.43$。

其中

$$I_{EQ} = \left(V_{CC} \cdot \frac{R_4}{R_3 + R_4} - 0.7 \right) / R_E = 21\text{mA}$$

$$h_{ie} \approx (1+\beta)\frac{26}{I_{EQ}} \approx 187\Omega$$

$$R_{i2} = R_3 // R_4 // h_{ie} = 178\Omega$$

第二级：$A_{u2} = -\dfrac{h_{fe}(R_c // R_L)}{h_{ie}} \approx -1363$。

因此 $A_u = A_{u1} \cdot A_{u2} \approx 586$。

电路的输入电阻 $R_i' = R_1 // R_2 \approx 4.06\text{k}\Omega$，输出电阻为 $R_o' = R_c = 2.7\text{k}\Omega$。

习题3.7　图3.11所示为一个两级放大电路，假设第一级放大电路中结型场效应管的 $g_m = 2700\mu\text{S}$，第二级放大电路中三极管的 $\beta = 150$，电源电压 $V_{CC} = 15\text{V}$，各电阻值分别为 $R_G = 1\text{M}\Omega$，$R_D = 1.5\text{k}\Omega$，$R_S = 270\Omega$，$R_1 = 33\text{k}\Omega$，$R_2 = 10\text{k}\Omega$，$R_C = 2.7\text{k}\Omega$，$R_{E1} = 100\Omega$，$R_{E2} = 1\text{k}\Omega$，$R_L = 4.7\text{k}\Omega$，$r_{bb}' = 0$。

（1）判断两级电路间的耦合方式。

（2）计算整个放大电路的电压增益 A_u、输入电阻 R_i' 和输出电阻 R_o'。

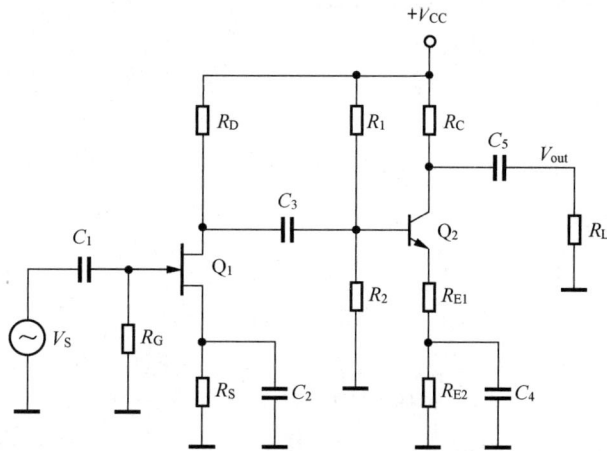

图 3.11　题 3.7 图

知识点复习及分析

图3.11所示是一个级联放大电路，共两级，第一级是共源放大电路，第二级是共射放大电路，级间采用的是阻容耦合方式，在分析交流特性时，可认为其短路。

解答

（1）两极电路间采用的是阻容耦合方式。

（2）利用输入电阻法，计算整个放大电路的电压增益。

第一级：$A_{u1} = -g_m(R_D // R_{i2}) \approx -3.16$。

其中
$$I_{EQ} = \left(V_{CC} \cdot \frac{R_2}{R_1 + R_2} - 0.7 \right) / (R_{E1} + R_{E2}) \approx 2.53\text{mA}$$

$$h_{ie} \approx r_{bb'} + (1 + \beta)\frac{26}{I_{EQ}} \approx 1.55\text{k}\Omega$$

$$R_{i2} = R_1 // R_2 // [h_{ie} + (1 + h_{fe})R_{E1}] \approx 5.25\text{k}\Omega$$

第二级：$A_{u2} = -\dfrac{h_{fe}(R_c // R_L)}{h_{ie} + (1 + h_{fe})R_{E1}} \approx -15.5$。

因此 $A_u = A_{u1}A_{u2} \approx 49$。

电路的输入电阻 $R_i' \approx R_G = 1\text{M}\Omega$，输出电阻为 $R_o' = R_c = 2.7\text{k}\Omega$

习题3.8 给定一个 $g_m = 1\text{mS}$ 的N沟道增强型场效应管、一个 $\beta = 100$ 的NPN型三极管以及若干电容和电阻。试设计一个两级放大电路，要求电路的输入电阻 $R_i' = 1\text{M}\Omega$，输出电阻 $R_o' = 1\text{k}\Omega$，电压增益 $A_u = 40\text{dB}$，并给出设计电路中每一个元件的具体数值。

知识点复习及分析

对于设计类题目，首先要熟悉各种典型电路。按照题目要求，要设计一个两级级联放大电路，第一级是场效应管放大电路，第二级是晶体管放大电路。为了简化工作点的分析调试，可采用阻容耦合方式。题目要求输入电阻大，因此第一级为场效应管放大电路，输入电阻 $R_i' = 1\text{M}\Omega$，可设计为典型分压式偏置电路，如图3.12中的 $R_3 = 1\text{M}\Omega$；题目要求电压增益 $A_u = 40\text{dB}$，需要选用电压增益大的电路，如第一级是共源放大电路，第二级为CE组态放大电路；题目要求输出电阻 $R_o' = 1\text{k}\Omega$，这样第二级可选择共射放大电路。如果第二级选择CC组态放大电路，输出电阻将非常小；如果采用CB组态放大电路，输出电阻将非常大，均不能满足题目的要求。

解答

符合题目要求的一个电路设计例子如图3.12所示。经过分析，满足输入电阻 $R_i' = 1\text{M}\Omega$、输出电阻 $R_o' = 1\text{k}\Omega$、电压增益 $A_u = 40\text{dB}$ 的设计要求。其中场效应管的 $g_m = 1\text{mS}$，NPN型三极管的 $\beta = 100$。

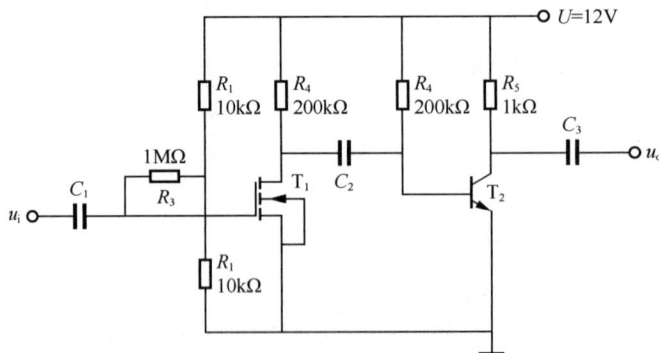

图 3.12　题 3.8 解图

习题3.9 图3.13所示为两级放大电路，3个三极管的电流放大倍数为 $\beta_1 = \beta_2 = \beta_3 = 50$，各电阻值分别为 $R_1 = 20\text{k}\Omega$，$R_2 = R_3 = 5.1\text{k}\Omega$，$R_4 = 15\text{k}\Omega$，$R_C = 1\text{k}\Omega$，$R_{E1} = 47\Omega$，$R_{E2} = 330\Omega$，$R_{E3} = 16\Omega$，扬声器电阻 $R_L = 16\Omega$。

（1）分别判断第一级放大电路和第二级放大电路的类型。

（2）判断由T_2与T_3组成的复合管类型；若T_2与T_3的电流放大倍数分别为β_2和β_3，计算复合管的电流放大倍数。

（3）分别计算第一级放大电路和第二级放大电路的电压增益。

（4）计算电路的总电压增益、输入电阻和输出电阻。

（5）计算电路的功率放大倍数。

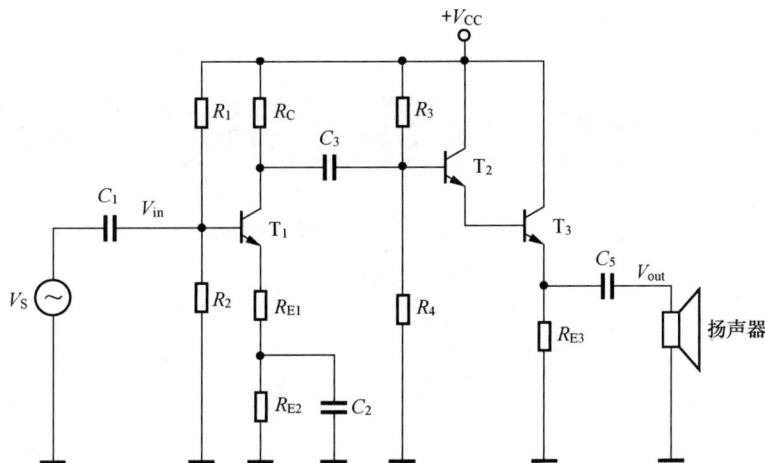

图 3.13　题 3.9 图

知识点复习及分析

图3.13所示是一个三级级联放大电路，其中第一级是CE组态放大电路，第二级是CC组态放大电路，第三级也是CC组态放大电路。也可以将T_2和T_3等效为一个复合管，第二、第三级为CC组态的复合管放大电路，其电流增益$\beta \approx \beta_2 \cdot \beta_3$，则图3.13所示电路等效为一个二级级联放大电路。

解答

（1）第一级放大电路是共射放大电路，第二级放大电路是共集放大电路。

（2）电路中复合管是由两只NPN型三极管组成的，复合管的类型由第一个三极管的类型决定，所以此复合管为NPN型场效应管，且复合管的电流放大倍数为$(1+\beta_2)(1+\beta_3) \approx \beta_2\beta_3$。

（3）第一级放大电路的电压增益为$A_{u1} = -\dfrac{\beta_1(R_c /\!/ R_{i2})}{h_{ie} + (1+\beta_1)R_{E1}}$。

其中

$$R_{i2} = R_3 /\!/ R_4 /\!/ \left[(1+\beta_2)(1+\beta_3)(R_{E3} /\!/ R_L)\right]$$

第二级CC组态放大电路的电压增益为$A_{u2} \approx 1$。

（4）级联电路的总电压增益$A_u = A_{u1} \cdot A_{u2}$。

输入电阻$R'_i = R_1 /\!/ R_2 /\!/ [h_{ie} + (1+\beta_1)R_{E1}]$，输出电阻$R'_o = \dfrac{R_C /\!/ R_3 /\!/ R_4 + h_{ie2}}{1+h_{fe}} /\!/ R_{E3}$。

（5）电路的功率放大倍数可由电压增益、输入电阻和负载推导得到，即$A_P = \dfrac{P_o}{P_i} =$

$\dfrac{u_o^2 / R_L}{u_i^2 / R_i} = A_u^2 \left(\dfrac{R_i}{R_L}\right)$。

第4章 放大电路的频率响应习题解析及参考答案

思维导图

主教材中第4章放大电路的频率响应相关知识的思维导图如图4.1所示。

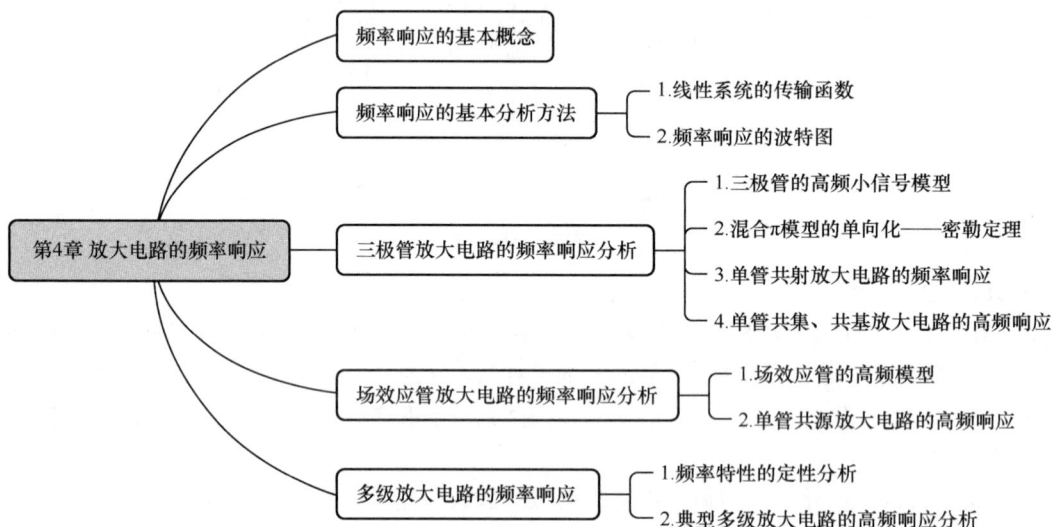

图 4.1 主教材中第 4 章的思维导图

4.2 习题解析及参考答案

习题4.1 某放大电路的中频电压增益 $A_{us} = 10^4$，3个极点对应的角频率分别为 $10^4\,rad/s$、$10^4\,rad/s$、$10^5\,rad/s$。

（1）写出该放大电路的传输函数，并画出它的渐近线波特图。

（2）求出上限截止角频率 ω_H。

知识点复习及分析

根据放大电路的传输函数（也可把放大电路看作一个系统，称为系统函数或增益函数），利用波特图法绘制其幅频特性波特图。如果传输函数只有极点，则每经过一个极点，幅频特性曲线每十倍频程下降20dB。具有低通特性的传输函数通常没有零点，只有极

【习题 4.1】放大电路的频率相应

点，最小的极点近似为上限截止频率。当频率为0时，得到的就是直流增益。本题已知条件中给出了角频率，因此传输函数变量可直接用角频率 ω。

解答

（1）根据已知条件，得到放大电路的传输函数为：

$$A_\mathrm{u}(\mathrm{j}\omega)=\frac{10^4}{\left(1+\mathrm{j}\dfrac{\omega}{10^4}\right)^2\left(1+\mathrm{j}\dfrac{\omega}{10^5}\right)}$$

其渐近线波特图如图4.2所示。

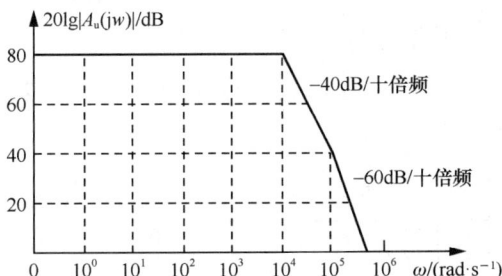

图 4.2 渐近线波特图

（2）显然，上限截止角频率 $\omega_\mathrm{H}=10^4\mathrm{rad/s}$。

习题4.2 已知放大电路的电压增益函数如下：

（1）$A_\mathrm{u}(\mathrm{j}f)=\dfrac{10f^2}{(1+\mathrm{j}f)\left(1+\mathrm{j}\dfrac{f}{10}\right)\left(1+\mathrm{j}\dfrac{f}{2.5\times10^5}\right)}$；

（2）$A_\mathrm{u}(\mathrm{j}f)=\dfrac{10^{19}\mathrm{j}f(100+\mathrm{j}f)}{(\mathrm{j}f+10^3)(\mathrm{j}f+10^5)(\mathrm{j}f+10^6)(\mathrm{j}f+10^7)}$；

（3）$A_\mathrm{u}(\mathrm{j}f)=\dfrac{10^{18}}{(\mathrm{j}f+10^2)(\mathrm{j}f+10^4)}$；

（4）$A_\mathrm{u}(\mathrm{j}f)=\dfrac{100\mathrm{j}f(\mathrm{j}f+10)}{(\mathrm{j}f+10^4)(\mathrm{j}f+10^5)}$。

（1）该电压增益函数属于低频、高频还是高低频增益函数？

（2）求该增益函数的中频增益 A_u、下限截止频率 f_L 和上限截止频率 f_H。

（3）画出该放大电路的幅频特性波特图。

知识点复习及分析

在根据放大电路增益函数绘制其幅频特性波特图时，首先将增益由非标准形式整理为标准形式，之后利用波特图的渐近线绘图方法绘出幅频特性波特图。幅频特性波特图的横坐标采用（角）频率对数的线性刻度，单位为Hz；纵坐标采用电压增益对数的线性刻度，单位为dB。增益每经过一个极点，幅频特性曲线每十倍频程下降20dB；每经过一个零点，幅频特性曲线每十倍频程上升20dB。根据每个零点、极点对幅频特性的贡献，可绘出幅频特性曲线。

本题首先根据增益函数绘制其幅频特性波特图，然后根据波特图得到增益函数的中频增益 A_u、下限截止频率 f_L 和上限截止频率 f_H。

对于具有低通特性的放大电路来说，其低频、中频增益为常数，只有高频段的增益是随着频率变化的函数，所以称为高频增益函数。

对于具有高通特性的放大电路来说，其中频、高频增益为常数，只有低频段的增益是随着频率变化的函数，所以称为低频增益函数。

对于具有带通特性的放大电路来说，其中频增益为常数，而低频和高频增益都是随着频率变化的函数，所以称为高低频增益函数。

解答

（1）增益函数 $A_u(jf) = \dfrac{10(jf)^2}{(1+jf)\left(1+j\dfrac{f}{10}\right)\left(1+j\dfrac{f}{2.5\times10^5}\right)}$ 的幅频特性波特图如图4.3所示，其中

频电压增益为40dB，下限截止频率 $f_L=10\text{Hz}$，上限截止频率 $f_H=2.5\times10^5\text{Hz}$。该增益函数是高低频增益函数。

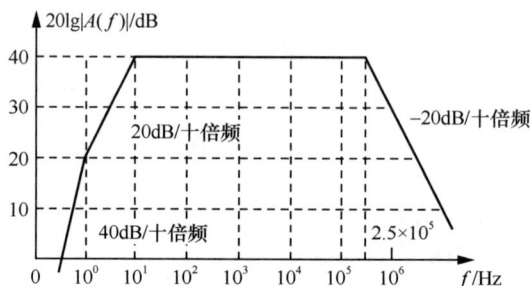

图 4.3　波特图 1

（2）将增益函数整理为标准形式 $A_u(jf) = \dfrac{jf\left(1+\dfrac{jf}{10^2}\right)}{\left(1+\dfrac{jf}{10^3}\right)\left(1+\dfrac{jf}{10^5}\right)\left(1+\dfrac{jf}{10^6}\right)\left(1+\dfrac{jf}{10^7}\right)}$。该增益函数

的幅频特性波特图如图4.4所示，中频电压增益为120dB，下限截止频率 $f_L=10^5\text{Hz}$，上限截止频率 $f_H=10^6\text{Hz}$，该增益函数是高低频增益函数。

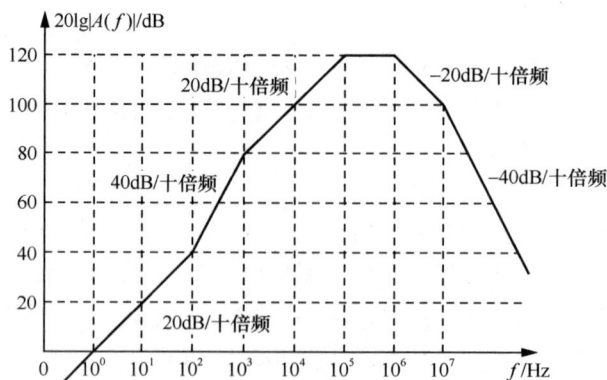

图 4.4　波特图 2

（3）将增益整理为标准形式 $A_u(jf) = \dfrac{10^{12}}{\left(1+\dfrac{jf}{10^2}\right)\left(1+\dfrac{jf}{10^4}\right)}$，其幅频特性波特图如图4.5所示，中

频电压增益为240dB，下限截止频率 $f_L = 0$ ，上限截止频率 $f_H = 100Hz$ 。该增益函数是高频增益函数。

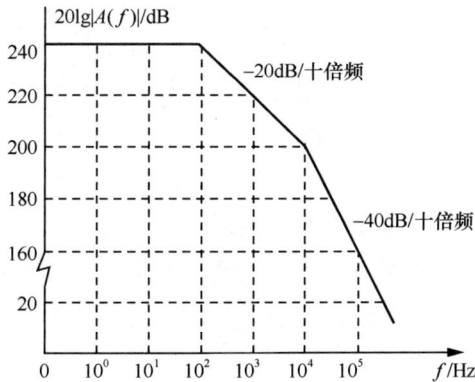

图4.5 波特图3

（4）将增益函数整理为标准形式 $A_u(jf) = \dfrac{10^{-6}jf\left(1+\dfrac{jf}{10}\right)}{\left(1+\dfrac{jf}{10^4}\right)\left(1+\dfrac{jf}{10^5}\right)}$ 。该增益函数的幅频特性波特图

如图4.6所示，中频电压增益为40dB，下限截止频率 $f_L = 10^5 Hz$ ，上限截止频率 f_H 为无穷大。该增益函数是低频增益函数。

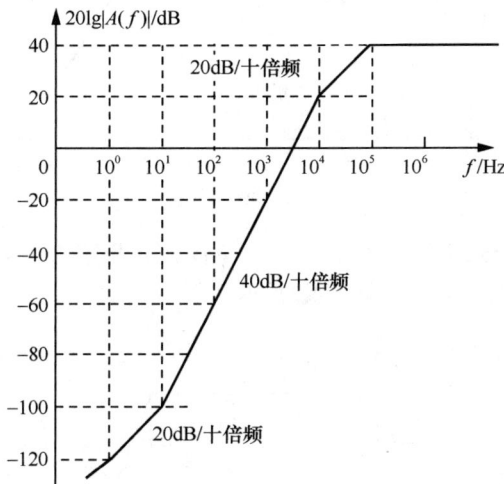

图4.6 波特图4

习题4.3 某两级放大电路如图4.7所示，各级电压增益分别为 $A_{u1} = \dfrac{U_{o1}}{U_i} = \dfrac{-25jf}{\left(1+j\dfrac{f}{4}\right)\left(1+j\dfrac{f}{10^5}\right)}$

和 $A_{u2} = \dfrac{U_o}{U_{i2}} = \dfrac{-2jf}{\left(1+j\dfrac{f}{50}\right)\left(1+j\dfrac{f}{10^5}\right)}$ 。

（1）写出该放大电路电压增益函数的表达式。

（2）求该电路的下限截止频率 f_L 和上限截止频率 f_H。

（3）画出该电路的幅频响应波特图。

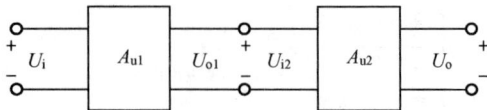

图 4.7　题 4.3 图

知识点复习及分析

此题分析过程与习题4.2的分析过程类似，在此不再赘述。

如图 4.7所示，采用输入电阻法可分析级联放大电路的总电压增益，即 $A_u = A_{u1} \cdot A_{u2}$；下限截止频率 f_L 和上限截止频率 f_H 可以通过公式计算，也可通过波特图估算。

解答

（1）放大电路电压增益函数的表达式为 $A_u = A_{u1} \cdot A_{u2} = \dfrac{50(\mathrm{j}f)^2}{\left(1+\mathrm{j}\dfrac{f}{4}\right)\left(1+\mathrm{j}\dfrac{f}{50}\right)\left(1+\mathrm{j}\dfrac{f}{10^5}\right)^2}$。

（2）根据电压增益函数的表达式画出其幅频响应波特图，如图4.8所示。显然，其中频增益约为72dB。

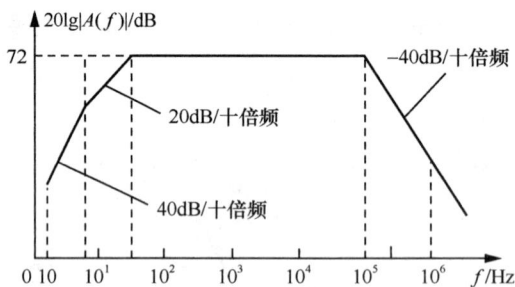

图 4.8　幅频响应波特图

（3）如图4.8所示，下限截止频率 $f_L \approx 50\mathrm{Hz}$，上限截止频率 $f_H \approx 72\mathrm{kHz}$。

习题4.4　已知某电路的幅频特性如图4.9所示。

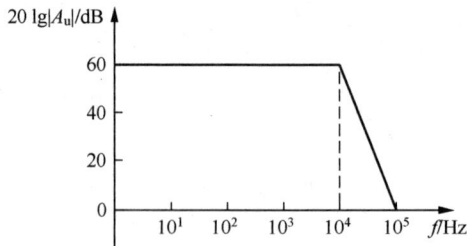

图 4.9　题 4.4 图

（1）该电路的耦合方式是什么？

（2）该电路为几级级联的放大电路？

（3）当 $f = 10^4\mathrm{Hz}$ 和 $f = 10^5\mathrm{Hz}$ 时，附加相移分别为多少？

（4）该电路的上限截止频率约为多少？

知识点复习及分析

对于放大电路，如果电路中采用了阻容耦合方式，耦合电容必然影响其低频特性。但由图4.9可知，电路的低频增益是常数，说明电路无论是输入耦合、输出耦合还是级间耦合，均采用的是直接耦合方式。

考虑三极管的结电容特性，结合主教材中的分析可知，每级放大电路将产生两个极点，通常输出回路产生的极点远大于输入回路产生的极点，说明该电路至少有3个极点。图4.9中的高频增益特性表明，高频段的幅频特性是每十倍频程下降60dB，说明在上限截止频率 $f=10^4\mathrm{Hz}$ 处有一个三重极点，由此可判断该电路至少由3级放大电路组成。每个极点将产生$-90°$的相移，极点处的相移是$-45°$，10倍频处的相移是$-90°$，则 $f=10^4\mathrm{Hz}$ 三重极点处产生的相移是$-135°$，$f=10^5\mathrm{Hz}$ 产生的相移是$-270°$。

解答

（1）经判断，该电路为直接耦合电路。

（2）在上限截止频率 $f=10^4\mathrm{Hz}$ 后，高频段的幅频特性为每十倍频程下降60dB，则电路至少为三级级联放大电路。

（3）当 $f=10^4\mathrm{Hz}$ 时，附加相移 $\phi=-135°$；当 $f=10^5\mathrm{Hz}$ 时，附加相移 $\phi=-270°$。

（4）由图4.9可知，该电路的上限截止频率约为 $10^4\mathrm{Hz}$。

习题4.5　某共射电路中三极管的参数为 $\beta=40$，$r_{bb'}=100\Omega$，$r_{b'e}=1\mathrm{k}\Omega$，$C_{b'e}=100\mathrm{pF}$，$C_{b'c}=3\mathrm{pF}$，其他电路参数如图4.10所示。

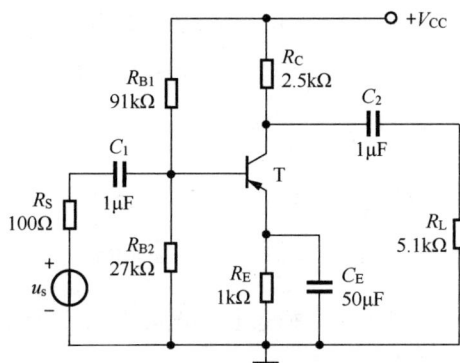

图 4.10　题 4.5 图

（1）画出电路的高频小信号等效电路，并确定上限截止频率。

（2）求中频源电压增益；

（3）如果 R_L 增大10倍，则中频源电压增益、上限截止频率各为多少？

知识点复习及分析

本题要求分析放大电路的频率响应，需要用到三极管的物理模型，即高频小信号模型 π 模型，由此可以得到电路的上限截止频率。因为 $i_c=g_m u_{b'e}=\beta i_b$，所以 $g_m=\dfrac{i_c}{u_{b'e}}=\dfrac{\beta}{r_{b'e}}$。在计算中频源电压增益时，可使用三极管的低频小信号模型，即h参数模型，此时分析得到的电压增益为中频增益。

图4.11（a）所示的高频小信号等效电路整理后如图4.11（b）所示。由主教材内容可知增益

共有两个极点，分别是输入回路对应的极点 $\dfrac{1}{2\pi R_S' C_i}$ 和输出回路对应的极点 $\dfrac{1}{2\pi R_L' C_o}$ ，易知

$\dfrac{1}{2\pi R_S' C_i} \ll \dfrac{1}{2\pi R_L' C_o}$ ，因此高频截止角频率为 $\dfrac{1}{2\pi R_S' C_i}$ 。

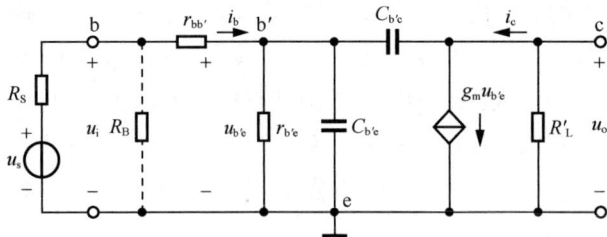

（a）高频小信号等效电路　　　　　　　　　　　　　　（b）密勒等效电路

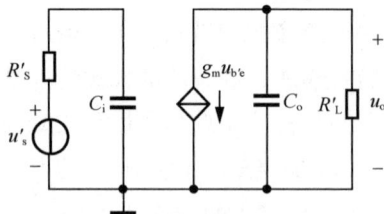

图 4.11　分析结果

解答

（1）电路的高频小信号等效电路如图4.11（a）所示，其中 $R_B = R_{B1} /\!/ R_{B2}$ 。由于 $R_B = R_{B1} /\!/ R_{B2} \approx$ 20.82k$\Omega \gg R_S$ ，因此在分析高频响应时，可忽略直流偏置电阻 R_B 的影响。电路的密勒等效电路如图4.11（b）所示。

图4.11（b）中的参数为

$$u_S' = \frac{r_{b'e}}{R_S + r_{bb'} + r_{b'e}} u_S = \frac{r_{b'e}}{R_s + h_{ie}} u_S$$

$$R_S' = (R_S + r_{bb'}) /\!/ r_{b'e} \approx 167\Omega$$

$$R_L' = R_L /\!/ R_C = (5.1 /\!/ 2.5)\text{k}\Omega \approx 1.68\text{k}\Omega$$

$$g_m = \frac{\beta}{r_{b'e}} = \frac{40}{1} = 40\text{mS}$$

$$C_i = C_{b'e} + C_{b'c}(1 + g_m R_L') \approx 305\text{pF}$$

$$C_o = \frac{1 + g_m R_L'}{g_m R_L'} C_{b'c} \approx 3\text{pF}$$

在密勒定理等效过程中，为了简化分析过程，图4.11（b）所示电路的增益K近似其中频增益，即 $\dfrac{u_o}{u_S'} = g_m R_L'$ 。

因此，电路的上限截止频率 $f_H = \dfrac{1}{2\pi R_S' C_i} \approx 3.1\text{MHz}$ 。

（2）电路为中频时，$C_{b'e}$ 和 $C_{b'c}$ 均开路，则中频源电压增益为

$$A_{us} = \frac{u_o}{u_S} = -g_m R_L' \frac{r_{b'e}}{R_S + r_{bb'} + r_{b'e}} \approx -56$$

（3）如果 R_L 增大10倍，即 $R_L' = R_L /\!/ R_C = 51 /\!/ 2.5 = 2.38\text{k}\Omega$ ，则

$$C_i = C_{b'e} + C_{b'c}(1 + g_m R_L') \approx 389\text{pF}$$

中频源电压增益为

$$A_{us} = \frac{u_o}{u_S} = -g_m R_L' \frac{r_{b'e}}{R_S + r_{bb'} + r_{b'e}} \approx -79$$

上限截止频率为

$$f_\text{H} = \frac{1}{2\pi R_\text{S}' C_\text{i}} \approx 2.5\text{MHz}$$

习题4.6　共集放大电路如图4.12所示。若 $R_\text{s} = 500\Omega$，$R_\text{B1} = 51\text{k}\Omega$，$R_\text{B2} = 20\text{k}\Omega$，$R_\text{E} = 2\text{k}\Omega$，$R_\text{L} = 2\text{k}\Omega$，$C_1 = C_2 = 10\mu\text{F}$，三极管T的参数为 $h_\text{fe} = 100$，$r_\text{bb'} = 80\Omega$，$C_\text{b'c} = 2\text{pF}$，$f_\text{T} = 200\text{MHz}$，$U_\text{BE} = 0.7\text{V}$，$V_\text{CC} = 12\text{V}$。

（1）求静态工作点、I_CQ 和 U_CEQ。

（2）求中频源电压增益 A_us、输入电阻 R_i'、输出电阻 R_o'。

（3）若忽略 $C_\text{b'c}$，求上限截止频率 f_H，并对引起的误差进行讨论。

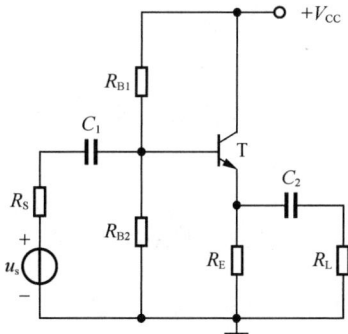

图 4.12　题 4.6 图

知识点复习及分析

在分析电路的中频特性时，可以忽略耦合电容和三极管的PN结电容效应。令耦合电容短路，三极管模型使用低频小信号模型。

在分析高频特性时，需要使用三极管的高频小信号模型。

【习题 4.6】CC 组态放大电路及频率响应分析

解答

（1）$U_\text{B} = \dfrac{R_\text{B1}}{R_\text{B1} + R_\text{B2}} V_\text{CC} = \dfrac{20}{20 + 51} \times 12 = 3.38\text{V}$

由 $R_\text{B1} // R_\text{B2} \ll (1 + h_\text{fe})R_\text{E}$ 可得

$$I_\text{EQ} \approx \frac{U_\text{B} - U_\text{BE}}{R_\text{E}} = \frac{3.38 - 0.7}{2 \times 10^3} = 1.34\text{mA}$$

$$I_\text{BQ} = \frac{h_\text{fe}}{h_\text{fe} + 1} I_\text{EQ} = \frac{100}{101} \times 1.34 \times 10^{-3} = 1.33\text{mA}$$

$$U_\text{CEQ} = V_\text{CC} - I_\text{EQ} R_\text{E} = 12 - 1.33 \times 2 = 9.3\text{V}$$

（2）$h_\text{ie} = r_\text{bb'} + (1 + h_\text{fe})\dfrac{26 \times 10^{-3}}{I_\text{EQ}} = 80 + 101 \times \dfrac{26}{1.34} = 2.04\text{k}\Omega$

则输入电阻为

$$R_\text{i}' = R_\text{B1} // R_\text{B2} // \left[h_\text{ie} + (1 + h_\text{fe})(R_\text{E} // R_\text{L}) \right]$$
$$= 51 \times 10^3 // 20 \times 10^3 // \left[2.04 + 101 \times (2 // 2) \right] \times 10^3 = 12.6\text{k}\Omega$$

输出电阻为

$$R_\text{o}' = \left(\frac{R_\text{S} // R_\text{B1} // R_\text{B2} + h_\text{ie}}{1 + h_\text{fe}} \right) // R_\text{E} = 25\Omega$$

中频源电压增益为

$$A_\text{u} = \frac{(1 + h_\text{fe})(R_\text{E} // R_\text{L})}{h_\text{ie} + (1 + h_\text{fe})(R_\text{E} // R_\text{L})} = \frac{101 \times (2 \times 10^3 + 2 \times 10^3)}{2.05 + 101 \times (2 \times 10^3 // 2 \times 10^3)} = 0.98$$

考虑信号源内阻时，中频源电压增益为

$$A_\text{us} = \frac{R_\text{i}'}{R_\text{S} + R_\text{i}'} A_\text{u} = \frac{12.6}{0.5 + 12.6} \times 0.98 = 0.94$$

（3）根据特征频率的定义 $f_T = \beta_0 f_\beta = 200\text{MHz}$ ，其中 $f_\beta = \dfrac{1}{2\pi r_{b'e}(C_{b'e}+C_{b'c})}$ ，可以求得

$C_{b'e} \approx 72\text{pF}$ 。若忽略 $C_{b'c}$ ，利用高频小信号等效模型可以得到

等效输入电容为

$$C_i = (1-A_u)C_{b'e} = (1-0.98)C_{b'e} \approx 1.4\text{pF}$$

等效输入电阻为

$$r_i = \frac{1}{1-A_u}r_{b'e} = 970\Omega$$

等效输出电容为

$$C_o = \left|\frac{A_u-1}{A_u}\right|C_{b'e} \approx 1.5\text{pF}$$

等效负载电阻为

$$R_L' = R_E /\!/ R_L /\!/ r_o = R_E /\!/ R_L /\!/ \left(\frac{A_u}{1-A_u}r_{b'e}\right) \approx 980\Omega$$

则高频段增益存在两个极点，分别为 $f_{H1} = \dfrac{1}{2\pi(r_i /\!/ r_{bb'})C_i} \approx 1.4\text{GHz}$ 和 $f_{H2} = \dfrac{1}{2\pi R_L'C_o} \approx 108\text{MHz}$ 。

因此，上限截止频率 $f_H \approx 108\text{MHz}$ 。

习题4.7　共基放大电路的交流通路如图4.13所示。三极管在 $I_{CQ} = 5\text{mA}$ 时的参数为 $\beta_0 = 40$ ， $r_{bb'} = 30\Omega$ ， $r_{b'e} = 500\Omega$ ， $C_{b'c} = 2\text{pF}$ ， $f_T = 300\text{MHz}$ ，负载电阻 $R_L' = 3\text{k}\Omega$ 。

（1）若忽略 $r_{bb'}$ ，分别求 R_s 为 10Ω 、 100Ω 和 $1\text{k}\Omega$ 时的上限截止频率。

（2）若负载电阻 $R_L' = 200\Omega$ ，重复（1）中的计算。

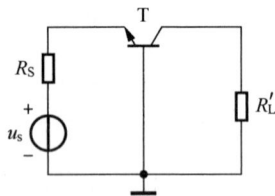

图4.13　题4.7图

知识点复习及分析

本题要求分析高频特性。计算上限截止频率时，使用三极管的高频小信号模型，如图4.14所示。

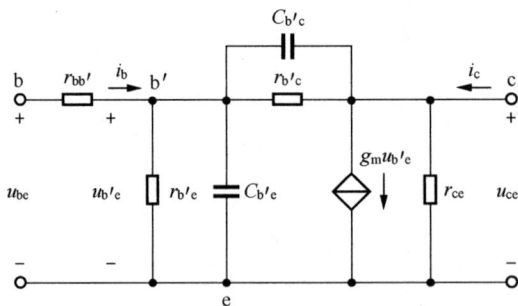

图4.14　高频小信号模型

常使用密勒定理分析 π 模型，其示意图如图4.15（b）所示，等效前的电路如图4.15（a）所示。

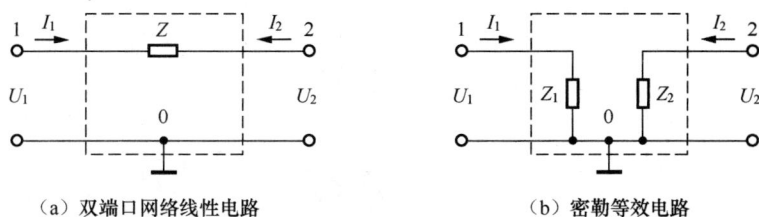

（a）双端口网络线性电路　　　（b）密勒等效电路

图 4.15　密勒定理示意图

经过分析推导可知

$$Z_1 = \frac{U_1}{I_1} = \frac{Z}{1-K}$$

$$Z_2 = \frac{K}{K-1}Z$$

其中 $K = \dfrac{U_2}{U_1}$。

若 Z 为容抗，则 $Z = \dfrac{1}{j\omega C}$，可得

$$C_1 = (1-K)C$$

$$C_2 = \frac{K-1}{K}C \approx C$$

依照题意忽略 $r_{bb'}$。为了简化分析，认为 r_{ce} 很大，可默认为开路，则图4.13所示的高频小信号等效电路如图4.16所示。

分析输出回路，可得 $u_o = -g_m u_{b'e}\left(r_{b'c}\,/\!/\,R'_L\,/\!/\,\dfrac{1}{j\omega C_{b'c}}\right) =$

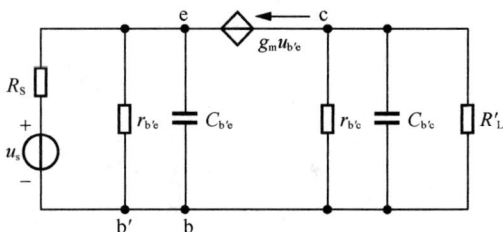

图 4.16　高频小信号等效电路

$\dfrac{-g_m(r_{b'c}\,/\!/\,R'_L)u_{b'e}}{1 + j\omega(r_{b'c}\,/\!/\,R'_L)C_{b'c}}$。

通常情况下集电结反偏电阻 $r_{b'c}$ 非常大，因此可简化为 $u_o \approx \dfrac{-g_m R'_L u_{b'e}}{1 + j\omega R'_L C_{b'c}}$。

分析输入回路，流经电压源的电流 $i_s = g_m u_{b'e} + \dfrac{u_{b'e}}{r_{b'e}} + u_{b'e}j\omega C_{b'e}$，可知 $u_{b'e} = -u_s - i_s R_s$
整理得

$$u_s = -\left(1 + g_m R_s + \frac{R_s}{r_{b'e}} + j\omega R_s C_{b'e}\right)u_{b'e}$$

通常情况下 $g_m R_s \gg \dfrac{R_s}{r_{b'e}}$，则有

$$u_s \approx -(1 + g_m R_s + j\omega R_s C_{b'e})u_{b'e}$$

电压增益为

$$A_{us} = \frac{u_o}{u_s} = \frac{g_m R'_L}{1 + j\omega R'_L C_{b'c}} \cdot \frac{1/(1 + g_m R_s)}{\left(1 + j\omega \dfrac{R_s C_{b'e}}{1 + g_m R_s}\right)}$$

两个极点分别是

$$f_{H1} = \frac{1 + g_m R_s}{2\pi R_s C_{b'e}}$$

$$f_{H2} = \frac{1}{2\pi R_L' C_{b'c}}$$

解答

根据题意可以得到 $f_\beta = \frac{f_T}{\beta_0} = 7.5\text{MHz}$，则 $C_{b'e} \approx 42\text{pF}$，且有 $g_m = \frac{\beta_0}{r_{b'e}} = \frac{40}{500} = 80\text{mS}$。

（1）$R_s = 10\Omega$ 时，$f_{H1} = 689.8\text{MHz}$，$f_{H2} = 265.2\text{MHz}$，故 $f_H = 265.2\text{MHz}$。

$R_s = 100\Omega$ 时，$f_{H1} = 348.8\text{MHz}$，$f_{H2} = 265.2\text{MHz}$，故 $f_H = 265.2\text{MHz}$。

$R_s = 1\text{k}\Omega$ 时，$f_{H1} = 314.5\text{MHz}$，$f_{H2} = 265.2\text{MHz}$，故 $f_H = 265.2\text{MHz}$。

（2）负载电阻 $R_L' = 200\Omega$ 时，在不同 R_s 情况下，对应的频率分别为：

$R_s = 10\Omega$ 时，$f_{H1} = 689.8\text{MHz}$，$f_{H2} = 397.9\text{MHz}$，故 $f_H = 397.9\text{MHz}$。

$R_s = 100\Omega$ 时，$f_{H1} = 348.8\text{MHz}$，$f_{H2} = 397.9\text{MHz}$，故 $f_H = 348.8\text{MHz}$。

$R_s = 1\text{k}\Omega$ 时，$f_{H1} = 314.5\text{MHz}$，$f_{H2} = 397.9\text{MHz}$，故 $f_H = 314.5\text{MHz}$。

习题4.8 某级联放大电路如图4.17所示。

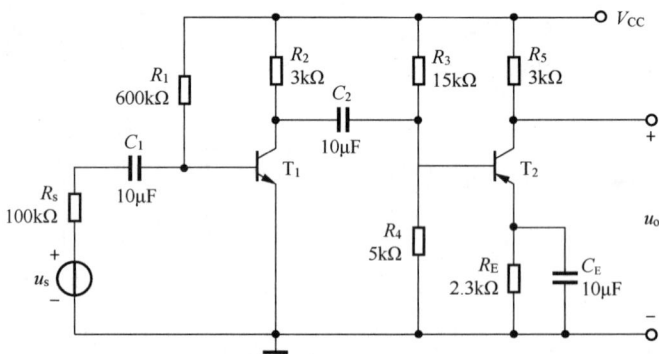

【习题 4.8】级联放
大电路及频率响应
分析

图 4.17　题 4.8 图

定性分析下列问题，并简述理由。

（1）哪一个电容决定电路的下限截止频率？

（2）若 T_1 和 T_2 静态时的发射极电流相等，且 $r_{bb'}$ 和 $C_{b'e}$ 相等，则哪一级的上限截止频率低？

知识点复习及分析

本题仅要求定性分析，计算上限截止频率时，需要使用三极管的高频小信号模型。

在电路中，耦合电容和旁路电容会影响增益的低频特性，晶体管结电容会影响电路增益的高频特性。

解答

（1）决定电路下限频率的是 C_E，因为它所在回路的等效电阻最小。

（2）因为 $R_2 /\!/ R_3 /\!/ R_4 > R_1 /\!/ R_s$，$C_{b'e2}$ 所在回路的时间常数大于 $C_{b'e1}$ 所在回路的时间常数，所以第二级放大电路的上限截止频率低。

第5章 负反馈放大电路习题解析及参考答案

5.1 思维导图

主教材中第5章负反馈放大电路相关知识的思维导图如图5.1所示。

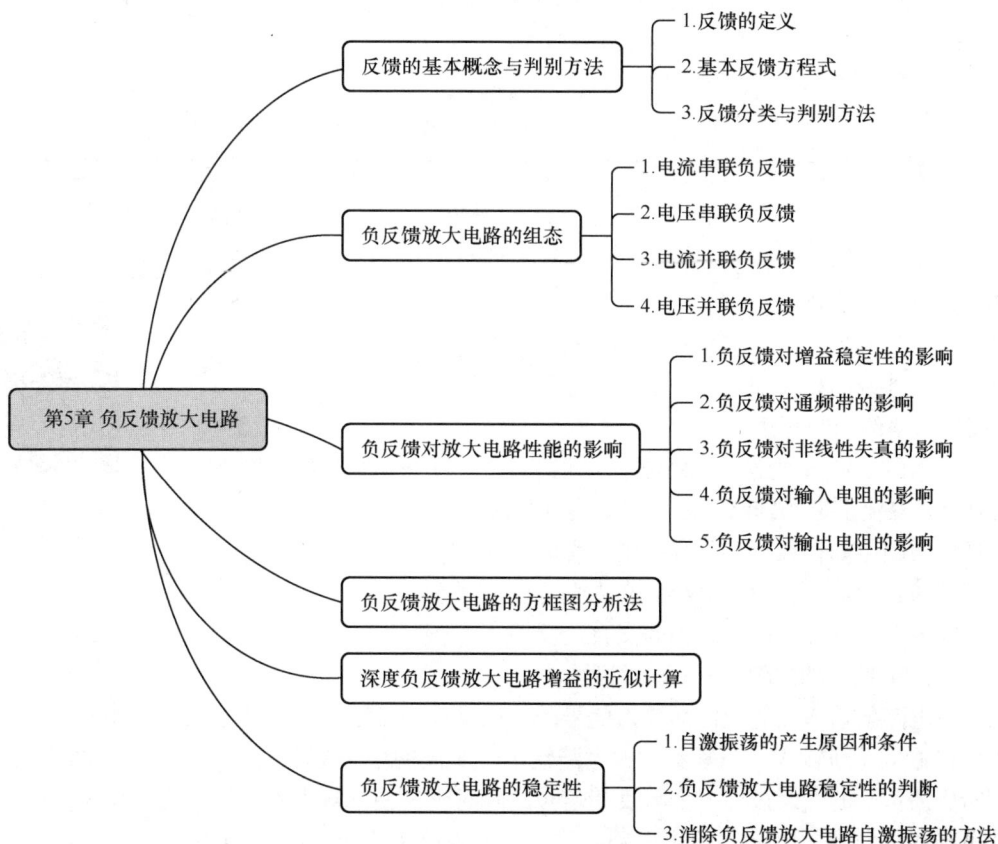

图 5.1 主教材中第 5 章的思维导图

5.2 习题解析及参考答案

习题5.1 在图5.2所示电路中，指明反馈网络的组成元件，并判断所引入的反馈类型（正 /

负反馈、直流／交流反馈、交直流反馈、电压／电流反馈、串联／并联反馈）。

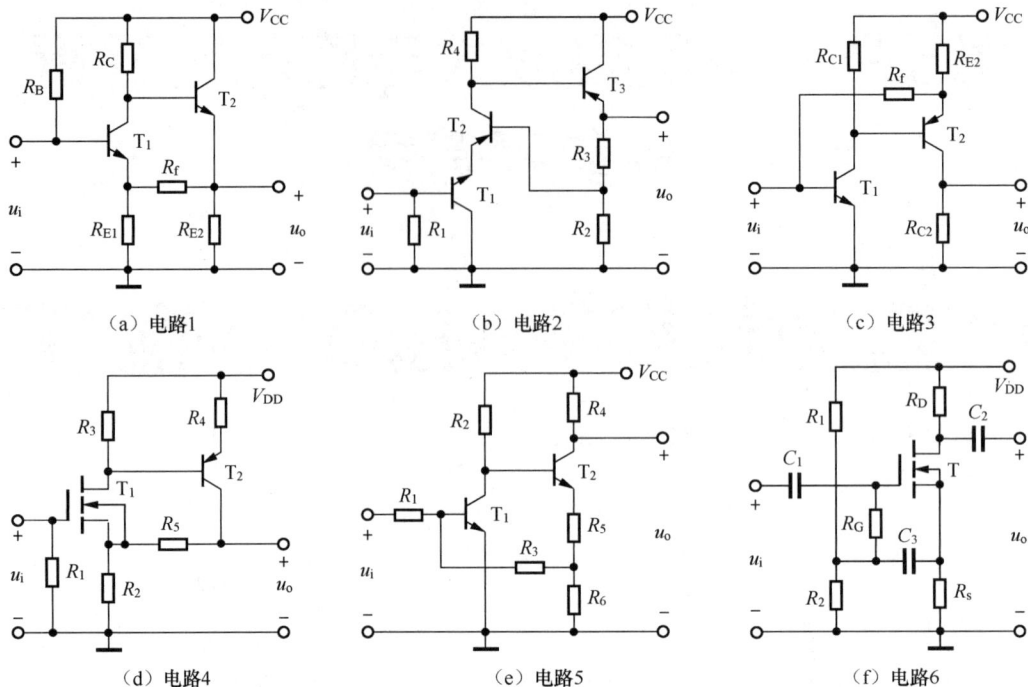

（a）电路1　　　　　　　　　（b）电路2　　　　　　　　　（c）电路3

（d）电路4　　　　　　　　　（e）电路5　　　　　　　　　（f）电路6

图 5.2　题 5.1 图

知识点复习及分析

判断正／负反馈、直流／交流反馈、交直流反馈、电压／电流反馈、串联／并联反馈涉及的相关知识点及判断方法总结如下。

1.反馈网络的判断方法

若某网络既与输入回路有关又与输出回路有关，则该网络为反馈网络。

2.直流／交流反馈的判断方法——电容观察法

①反馈通路中如存在隔直电容，则为交流反馈。

②反馈通路中如存在旁路电容，则为直流反馈。

③反馈通路中不存在电容，则为交直流反馈。

3.正／负反馈的判断方法——瞬时极性法

在放大电路的输入端假设已知输入信号的电压极性（可用"＋""－"表示），按照信号经"基本放大电路输入（净输入）→基本放大电路输出→反馈网络→基本放大电路输入（净输入）"的顺序判断反馈信号的瞬时极性。如果反馈信号的瞬时极性使净输入减小，则为负反馈；反之为正反馈。需要注意的是，CE组态放大电路的输出与输入反相，即反极性；CB、CC组态放大电路的输出与输入同极性。信号经过耦合电容、电阻等元件时，近似认为只产生衰减而瞬时极性不变。

通常单级放大电路可利用定义法判断电路的正／负反馈，级联放大电路利用瞬时极性法判断。

4.电压／电流反馈的判断方法

判断方法1（输出电压短路法）：将输出电压"短路"，若反馈信号为0，则为电压反馈；若反馈信号仍然存在，则为电流反馈。

【习题 5.1】负反馈放大电路

判断方法2（电流电压比例法）：若反馈信号与输出电压成比例，则为电压反馈；与电流成比例，则为电流反馈。该方法实际上就是定义法。

5.串联／并联反馈判断方法

除了利用反馈定义进行判断外，多数情况下还可以利用经验法进行判断，即若反馈信号与输入信号加在放大电路输入回路（三极管、场效应管或运算放大器）的同一个电极，则为并联反馈；加在放大电路输入回路的两个不同电极，则为串联反馈。

解答

利用定义法及相关的经验方法，判断结果如下。

（a）反馈网络：R_f，R_{E1}；反馈类型是电压串联交直流正反馈。

（b）反馈网络：R_2，R_3；反馈类型是电压串联交直流负反馈。

（c）反馈网络：R_f，R_{E2}；反馈类型是电流并联交直流负反馈

（d）反馈网络：R_2，R_5；反馈类型是电压串联交直流负反馈。

（e）反馈网络：R_3，R_6；反馈类型是电流并联交直流负反馈。

（f）通过 R_s 引入直流负反馈，为电流串联负反馈；通过 R_s、R_1、R_2 并联引入交流负反馈，为电流串联负反馈；通过 C_3、R_G 引入交流正反馈，为电流并联正反馈。

习题5.2 判断图5.3所示各电路中引入了哪种组态的交流负反馈，并计算它们的反馈系数。设图中所有电容对交流信号均可视为短路。

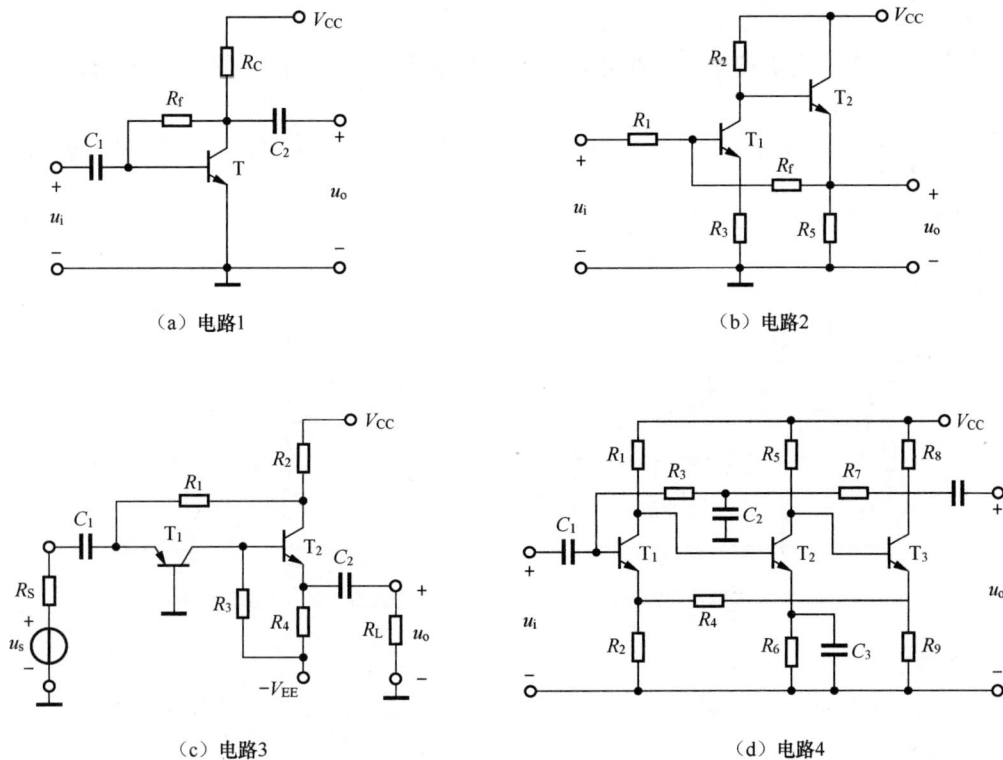

（a）电路1

（b）电路2

（c）电路3

（d）电路4

图 5.3 题 5.2 图

知识点复习及分析

本题中放大电路的正／负反馈、直流／交流反馈、交直流反馈、电压／电流反馈、串联／并联反馈的判断涉及的相关知识点及判断方法同习题5.1中的分析，在此不再赘述。

【习题5.2】负反馈放大电路

反馈系数的计算对于很多学生来讲是一个挑战。目前负反馈放大电路的特性分析主要使用方框图分析法，其特点是清晰明了。但是对于具体的放大电路分析而言，已经较少使用方框图分析法进行分析了，主要原因之一是工程分析过程中级联放大电路通常满足深度负反馈的条件，分析更加简洁，误差也在允许的范围内。对于具有负反馈的单管基本放大电路，直接使用等效电路图分析即可，并不繁杂。

负反馈放大电路若采用方框图分析法分析的话，需要分解出基本放大电路A和反馈网络B，分析较为繁杂。即使计算增益时使用深度负反馈的分析方法，但是由于闭环增益 $A_f \approx \dfrac{1}{B}$，首先需要计算反馈网络中的反馈系数B，所以还是需要掌握一些方框图分析法的分析方法和经验。下面我们通过图5.3的分析来掌握其规律。

规律1：对于并联负反馈电路，在分析计算反馈系数B时，令输入电压u_i为0。

图5.4是一个电流并联负反馈电路。在计算反馈系数B时，令输入短路，即$u_i=0$，计算得反馈系数 $B_i = \dfrac{i_f}{i_o} = \dfrac{-R_4}{R_2 + R_4}$。需要注意的是，由于是电流负反馈电路，根据图5.4中输出电流i_o和反馈电流i_f的参考方向，可知反馈系数是负值。

规律2：对于串联负反馈电路，在分析计算反馈系数B时，令输入（发射结或栅源两端）开路。

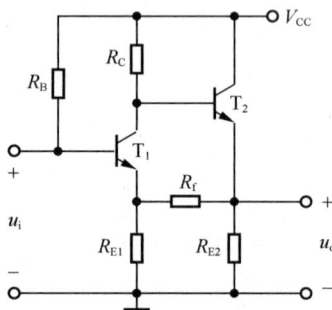

图5.5是一个电压串联负反馈电路。在计算反馈系数B时，令输入回路的三极管发射结开路，即$i_b=0$，计算得反馈系数 $B_u = \dfrac{u_f}{u_o} = \dfrac{R_{E1}}{R_{E1} + R_f}$。

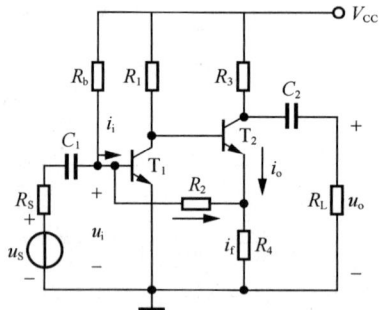

图 5.4　电流并联负反馈电路　　　　图 5.5　电压串联负反馈电路

解答

（a）引入了电压并联交直流负反馈，反馈系数 $B_G = \dfrac{i_f}{u_o} = -\dfrac{1}{R_f}$。

（b）引入了电压并联交直流负反馈，反馈系数 $B_G = \dfrac{i_f}{u_o} = -\dfrac{1}{R_f}$。

（a）引入了电压并联交直流负反馈，反馈系数 $B_i = \dfrac{i_f}{i_o} = \dfrac{R_2}{R_1 + R_2}$。

（d）通过R_3和R_7引入了电压并联直流负反馈，反馈系数$B_G = \dfrac{i_f}{u_o} = -\dfrac{1}{R_f}$，其中$R_f = R_3 + R_7$；

通过R_4、R_2和R_9引入了电流串联交直流负反馈，反馈系数$B_R = \dfrac{u_f}{i_o} = -\dfrac{R_2 R_9}{R_2 + R_4 + R_9}$。

习题5.3 某半导体收音机的输入级电路如图5.6所示。试判断该电路中有没有反馈。如果有反馈，属于何种反馈组态？

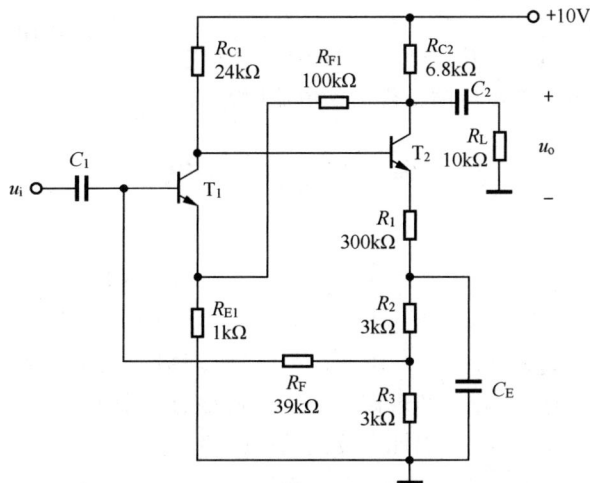

图5.6 题5.3图

知识点复习及分析

本题涉及的相关知识点及判断方法同习题5.1中的分析，在此不再赘述。

解答

由R_F、R_3组成的反馈网络是电流并联交直流负反馈，由R_{F1}、R_{E1}组成的反馈网络是电压串联交直流负反馈。

习题5.4 放大电路如图5.7所示，其中三极管的参数为$h_{fe1} = h_{fe2} = 50$，$h_{ie1} = h_{ie2} = 1\text{k}\Omega$，$r_{ce} = 100\text{k}\Omega$。

（1）判断电路中引入的反馈类型。

（2）求反馈系数以及满足深度负反馈条件时放大电路的电压增益A_{uf}。

知识点复习及分析

本题涉及的相关知识点及判断方法同习题5.1、5.2中的分析，在此不再赘述。

经过判断，图5.7是电流并联负反馈。对于级联放大

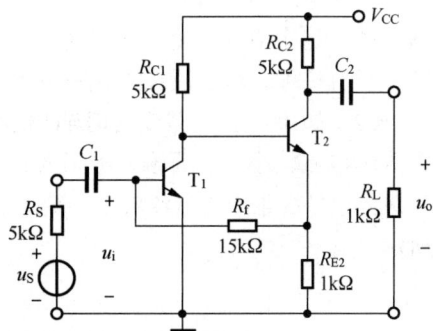

图5.7 题5.4图

电路，可默认为满足深度负反馈条件，因此可以得到电流增益$A_{if} = \dfrac{i_o}{i_i} \approx \dfrac{1}{B_i}$。计算电压增益时需要电路中的相关电阻阻值，计算电压增益$A_{uf} = \dfrac{u_o}{u_i} \approx A_{if} \dfrac{R_{C2} /\!/ R_L}{R_i}$时需要计算放大电路的输入电阻$R_i$。并联负反馈的输入电阻非常小，工程分析时认为$R_i \approx 0$。显然，电路的$A_{uf}$不可能是无穷大，但是计算$R_i$的过程比较繁杂，因此可以计算考虑信号源内阻时的电压增益$A_{usf} = \dfrac{u_o}{u_s}$

$$= A_{if} \frac{R_{C2} /\!/ R_L}{R_S + R_i} \approx A_{if} \frac{R_{C2} /\!/ R_L}{R_S} \text{。}$$

解答

（1）根据瞬时极性法及反馈相关判断方法，可知电路为电流并联负反馈，R_f、R_{E2} 构成反馈网络。

（2）放大电路引入了电流并联负反馈，反馈系数为

$$B_i = \frac{i_f}{i_o} = -\frac{R_{E2}}{R_{E2} + R_f} = -\frac{1\times10^3}{1\times10^3 + 15\times10^3} = -\frac{1}{16} = -0.0625$$

当级联放大电路满足深度负反馈条件时，电流增益为

$$A_{if} = \frac{i_o}{i_i} \approx \frac{1}{B_i} = \frac{i_o}{i_f} = -16$$

此时 $R_S \gg r_{if}$，则

$$A_{usf} = \frac{u_o}{u_s} \approx A_{if} \frac{R_{C2} /\!/ R_L}{R_S} = 16 \times \frac{5\times10^3 /\!/ 1\times10^3}{5\times10^3} = 2.7$$

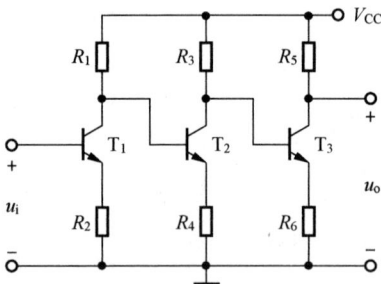

图 5.8　题 5.5 图

习题5.5　一个多级放大电路如图5.8所示。试说明为了实现以下要求，应该分别引入什么类型的反馈组态，分别画出加入反馈后的电路图。

（1）要求进一步稳定各直流工作点。

（2）要求负载电阻 R_L 变动时，输出电压 u_o 基本不变，而且输入级向信号源索取的电流较小。

（3）要求负载电阻 R_L 变动时，输出电流 i_o 基本不变。

知识点复习及分析

本题涉及的知识点总结如下。

（1）电压负反馈可以稳定输出电压，电流负反馈可以稳定输出电流。如果电路是直流负反馈，就能稳定直流，等效于能够稳定静态工作点。对于图5.8所示电路，要满足级间的电流负反馈，只有一种直流负反馈方式——电流并联负反馈，其反馈网络的连接方式如图5.9所示。

（2）如果希望负载变化时输出电压稳定，需要采用电压负反馈；如果希望输入级向信号源索取的电流较小，需要输入电阻大，即需要采用串联负反馈。如果要同时满足输出电压稳定、输入级向信号源索取的电流较小，则需要采用电压串联直流负反馈，其反馈网络的连接方式如图5.10所示。

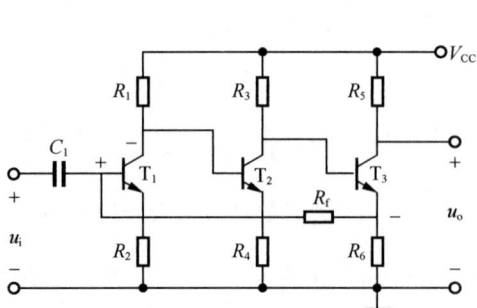

图 5.9　电流并联负反馈的连接方式

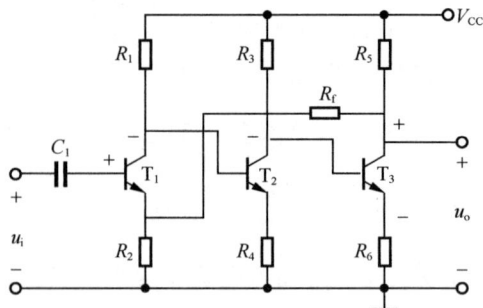

图 5.10　电压串联直流负反馈的连接方式

（3）如果希望负载变化时输出电流稳定，需要采用电流并联负反馈，其反馈网络的连接方式如图5.9所示。

解答

（1）增加电流并联负反馈可以进一步稳定直流工作点，如图5.9所示。

（2）如果希望输出电压 u_o 稳定且输入级向信号源索取的电流较小，此时应该引入电压串联直流负反馈。电压反馈可以稳定输出电压，串联反馈可以增加输入电阻，减小输入级向信号源索取的电流，电路连接方式如图5.10所示。

（3）如果希望负载变化时输出电流稳定，应引入电流并联负反馈，电路连接方式如图5.9所示。

习题5.6　多级负反馈放大电路如图5.11所示。

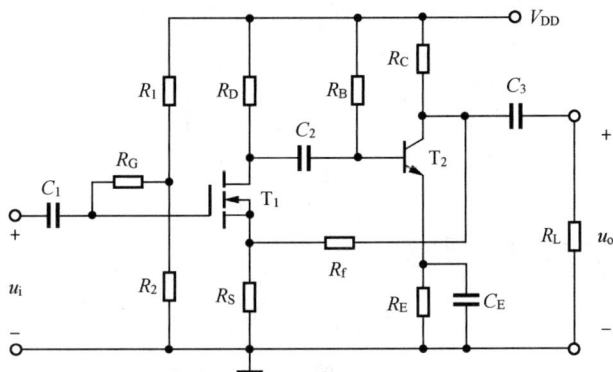

图 5.11　题 5.6 图

（1）判断电路中引入了何种负反馈。
（2）计算反馈系数。
（3）画出交流通路。
（4）在深度负反馈条件下，求 A_{uf}。

知识点复习及分析

本题中负反馈放大电路的正／负反馈、直流／交流反馈、交直流反馈、电压／电流反馈、串联／并联反馈判断涉及的相关知识点及判断方法同习题5.1中的分析，反馈系数的分析方法同习题5.2中的分析，在此不再赘述。

如果利用方框图分析法分解基本放大电路A和反馈网络B，分解A时需要考虑反馈网络的电阻效应，分解得到的A的交流通路分析图如图5.12所示。显然方框图分析法的分析步骤较为繁杂，本题采用满足深度负反馈情况的近似分析法。

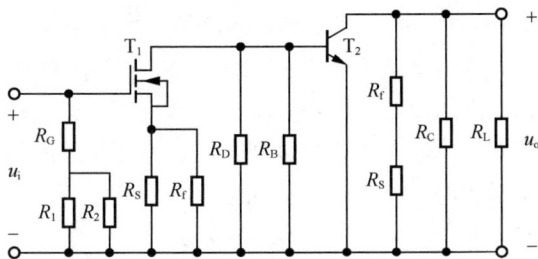

图 5.12　交流通路分析图

解答

（1）引入了电压串联交直流负反馈。

（2）反馈系数为

$$B_u = \frac{u_f}{u_o} = \frac{R_S}{R_S + R_f}$$

（3）交流通路如图5.13所示。

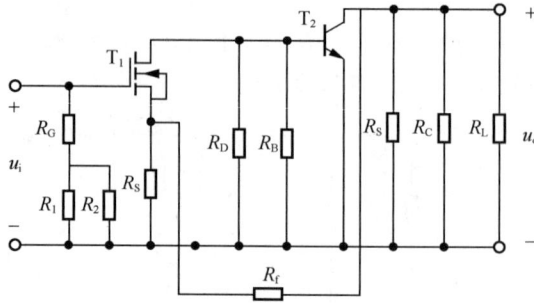

图 5.13　A 的交流通路

（4）深度负反馈条件下的电压增益为

$$A_{uf} \approx \frac{1}{B_u} = 1 + \frac{R_f}{R_S}$$

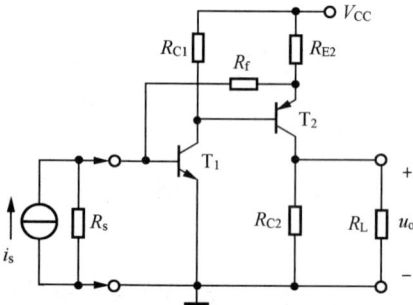

图 5.14　题 5.7 图

习题5.7 已知负反馈放大电路如图5.14所示，图中 $R_{C1} = 20\text{k}\Omega$ ， $R_{C2} = 4.3\text{k}\Omega$ ， $R_{E2} = 0.62\text{k}\Omega$ ， $R_L = 5\text{k}\Omega$ ， $R_s = 500\text{k}\Omega$ ， $R_f = 100\text{k}\Omega$ ，三极管参数 $h_{fe1} = h_{fe2} = 100$ ， $h_{ie1} = 6.7\text{k}\Omega$ ， $h_{ie2} = 2.7\text{k}\Omega$ ， h_{oe} 、 h_{re} 忽略不计。分别使用方框图分析法、深度负反馈条件计算法分析该电路的 A_{if} 、 R'_{if} 、 R'_{of} ，并说明两种方法产生偏差的原因。

知识点复习及分析

本题涉及的相关知识点及判断方法同习题5.1、题5.2中的分析，在此不再赘述。下面简要介绍一下负反馈放大电路的方框图分析法。

根据题意，该负反馈放大电路图可以分解为基本放大电路A和反馈网络B，在分解A时需要考虑B对于A所产生的负载效应；分析B主要是为了计算反馈系数，具体规律及方法同习题5.2的分析过程，在此不再赘述。

利用方框图分析法，图5.14所示的电路分解后的基本放大电路如图5.15所示。

使用方框图分析法和深度负反馈条件计算法均可分析计算放大电路的 A_{if} 、 R'_{if} 、 R'_{of} ，且误差较小，通常都在工程计算允许的误差范围内。考虑到方框图分析法较为繁杂，所以目前主要采用满足深度负反馈条件计算方法。通常级联数量超过2级（含2级）时认为满足深度负反馈条件，可按满足深度负反馈条件计算法进行分析计算。如果是单管基本放大电路，可利用三极管等效模型，画出电路的等效电路图，如主教材中的图3-24的分析。

主教材中并没有要求掌握使用方框图分析法计算负反馈放大电路的增益、输入电阻和输出电阻。如果学生在解题过程中需要分解A和B。在分析计算时需要注意以下几点。

（1）在分析计算 A_{if} 时，可以利用公式 $A_{if} = \dfrac{A_i}{1 + A_i B_i}$，其中 A_i 是基本放大电路的电流增益；

B_i 是反馈系数，且 $B_i = \dfrac{I_f}{I_o} = \dfrac{R_{E2}}{R_{E2} + R_f}$。

（2）$R'_{if} = \dfrac{R_i}{1 + A_{iss} B_i} \approx 0$，其中 A_{iss} 是考虑信号源内阻、输出短路情况下的电流增益。

（3）$R_{of} = (1 + A_{iss} B_i) R_o \approx \infty$，$R'_{of} = R_{C2} /\!/ (1 + A_{iss} B_i) R_o \approx R_{C2}$。

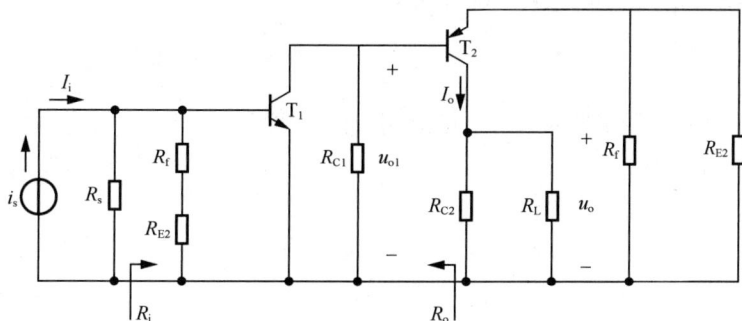

图 5.15 基本放大电路

解答

（1）方框图分析法。

略。

（2）认为该电路满足深度负反馈计算条件。反馈网络的相关电流参考方向如图5.16所示。

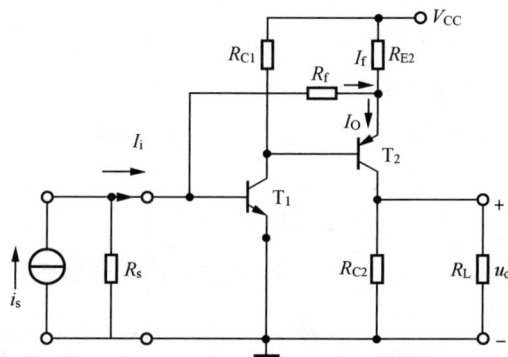

图 5.16 题 5.7 解图

反馈系数为

$$B_i = \frac{I_f}{I_o} = \frac{R_{E2}}{R_{E2} + R_f} = \frac{0.62}{10 + 0.62} = 0.058$$

闭环电流增益为

$$A_{if} \approx \frac{1}{B_i} = \frac{10 + 0.62}{0.62} = 17$$

输入电阻为

$$R'_{if} = R_{if} = \frac{R_i}{1 + A_{iss} B_i} \approx 0\mathrm{k}\Omega$$

输出电阻为

$$R'_{of} = R_{C2} // R_{of} = R_{C2} // [(1 + A_{iss} B_i) R_o] \approx R_{C2} = 4.3 \text{k}\Omega$$

习题5.8 某放大电路如图5.17所示。求深度负反馈条件下放大电路的闭环电压增益 A_{uf}、反馈系数 B_u、输入电阻 R'_{if} 和输出电阻 R'_{of} 的表达式。

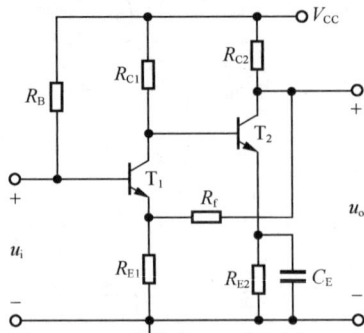

图 5.17　题 5.8 图

知识点复习及分析

本题涉及的相关知识点及判断分析方法同习题5.1、5.2中的分析，在此不再赘述。

解答

经判断，图5.17是电压串联负反馈。在电路满足深度负反馈的情况下，反馈系数为

$$B_u = \frac{u_f}{u_o} = \frac{R_{E1}}{R_{E1} + R_f}$$

闭环电压增益为

$$A_{uf} \approx \frac{1}{B_u} = \frac{R_{E1} + R_f}{R_{E1}}$$

串联负反馈闭环电路的输入电阻近似无穷大，即 $R_{if} = \infty$，则输入电阻 R'_{if} 为

$$R'_{if} = R_B // R_{if} \approx 0$$

电压负反馈闭环电路的输出电阻近似为0，即 $R_{of} \approx 0$，则输出电阻 R'_{of} 为

$$R'_{of} = R_{C2} // R_{of} \approx 0$$

习题5.9 图5.18所示的多级放大电路工作在室温环境下，图中的电源 V_{CC}、各个电阻、场效应管 T_1 的 g_m、三极管 T_2 的 h_{fe} 和 $r_{bb'}$ 均已知，且场效应管的 $r_{ds} = \infty$。

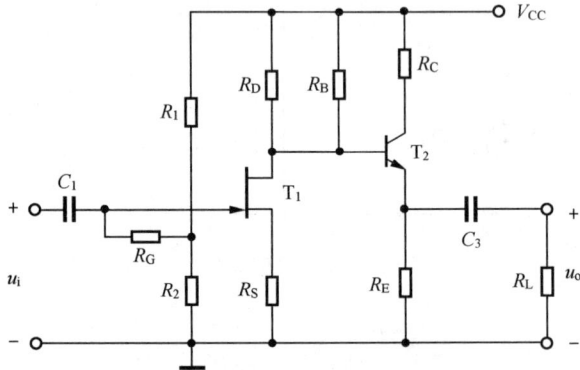

图 5.18　题 5.9 图

【习题 5.9】负反馈
放大电路

（1）若需要提高电路输入电阻并稳定输出电流，应如何引入负反馈？

（2）若问题（1）中的负反馈为深度负反馈，请给出级联放大电路的闭环电压增益 A_{uf}。

知识点复习及分析

本题涉及的相关知识点及判断分析方法同习题5.1、5.2中的分析，在此不再赘述。

解答

（1）若需要提高电路输入电阻并稳定输出电流，应引入电流串联负反馈，引入方法如图5.19所示。

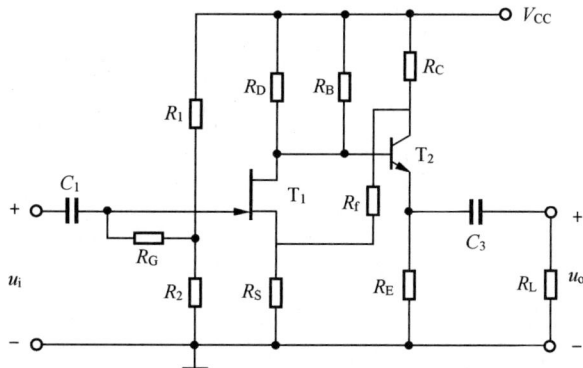

图 5.19　题 5.9 解图

（2）若满足深度负反馈条件，则反馈系数为

$$B_R = \frac{u_f}{i_o} = \frac{-R_S R_C}{R_S + R_f + R_C}$$

在满足深度负反馈条件下，有

$$A_G = \frac{I_o}{U_i} \approx \frac{1}{B_R} = -\frac{R_S + R_f + R_C}{R_S R_C}$$

可得

$$A_{uf} = \frac{u_o}{u_i} = \frac{i_o R_L'}{u_i} = A_G R_L'$$

其中 $R_L' = R_E \parallel R_L$。

习题5.10　已知某负反馈放大电路，其基本放大电路增益 $A = 10^5$，反馈系数 $B = 2 \times 10^{-3}$。

（1）计算闭环增益 A_f。

（2）若 A 的相对变化率为20%，则 A_f 的相对变化率为多少？

知识点复习及分析

本题涉及的相关知识点是负反馈对放大电路稳定性的影响。通过主教材的学习，我们已经知道环境温度改变、三极管器件老化、电源电压波动等都可能造成放大电路增益的改变。增加负反馈后，闭环增益的相对变化与开环增益的相对变化关系为 $\dfrac{\Delta A_f}{A_f} = \dfrac{1}{1 + A'B} \dfrac{\Delta A}{A}$，这说明引入负反馈可以极大地提高增益稳定性。

解答

（1）闭环增益为

$$A_f = \frac{A}{1 + AB} = \frac{10^5}{1 + 10^5 \times 2 \times 10^{-3}} \approx \frac{1}{2 \times 10^{-3}} = 500$$

（2）$\dfrac{\Delta A_f}{A_f} = \dfrac{1}{1 + A'B} \dfrac{\Delta A}{A} \approx \dfrac{1}{1 + AB} \cdot \dfrac{\Delta A}{A} = \dfrac{1}{1 + 10^5 \times 2 \times 10^{-3}} \times 20\% = 0.1\%$

即 A 的相对变化率为20%时，A_f 的相对变化率为0.1%。

习题5.11　已知一个负反馈放大电路的基本放大电路的对数幅频特性如图5.20所示，反馈网络由纯电阻组成。试问：若要求电路稳定工作，即不产生自激振荡，则反馈系数的上限值为多少分贝？简述理由。

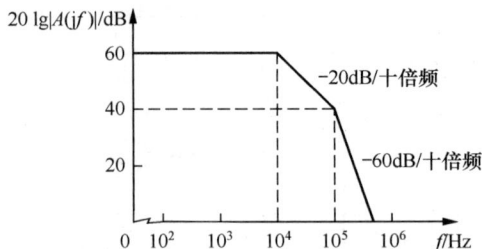

图 5.20　题 5.11 图

知识点复习及分析

本题涉及的知识点为负反馈放大电路的稳定性分析。

从工程的角度来分析，引入负反馈后，为了保持系统稳定，通常要求相位裕量为45°，即在增益交界频率f_c处的相位较180°差45°。

通常情况下，反馈系数B为常数（即由纯电阻组成）。通常B的相位为0°或者180°，即反馈系数可能是正数，也可能是负数。增加负反馈后，若系统稳定，需要环路增益在$|AB|>1$区域内相位均不满足自激条件，并要有一定的裕量。由图5.20可知，该系统函数有两个极点，一个是1阶极点，$f_1 = 10^4$ Hz；一个是2阶极点，$f_2 = 10^5$ Hz。

在AB环路增益相位为-135°时，为满足稳定条件，则需$20\lg|AB| < 0$dB。即在相位为-135°时，满足$20\lg|B| < -20\lg|A|$。

解答

由图5.20可知，$f_2 = 10^5$ Hz时，A的相位为180°，相位裕量是0°，此时基本放大电路增益为$20\lg|A| = 40$dB 。

A的相位是135°、相位裕量是45°时对应的频率在$10^4 \sim 10^5$ Hz 之间，略小于f_2。由$f_c \approx 7 \times 10^4$ Hz可知此时基本放大电路增益略大于40dB，为$20\lg|A| \approx 50$dB。

若反馈网络由纯电阻组成，则反馈系数B为常数，仅对环路增益的大小有影响，对环路增益的相位无影响。

由于$f_c \approx 7 \times 10^4$ Hz，为了满足电路稳定条件，要求$20\lg|AB| < 0$dB，则需$20\lg|B| < -50$dB，即$|B| < 10^{-2.5}$ 。

习题5.12　已知负反馈放大电路的增益 $A = \dfrac{10^4}{\left(1+j\dfrac{f}{10^4}\right)\left(1+j\dfrac{f}{10^5}\right)^2}$。试分析：为了使放大电路能够稳定工作（即不产生自激振荡），反馈系数的上限值为多少？

知识点复习及分析

本题涉及的知识点和分析方法同习题5.11的分析过程，在此不再赘述。在电路设计过程中，通常要有一定的裕量，但是本题要求分析反馈系数的上限值，可暂不考虑相位裕量，只分析理论上的上限值。

解答

根据放大倍数的表达式，幅频特性曲线的波特图如图5.21所示。在$f_c = 10^5$ Hz处，A的相位是-180°。

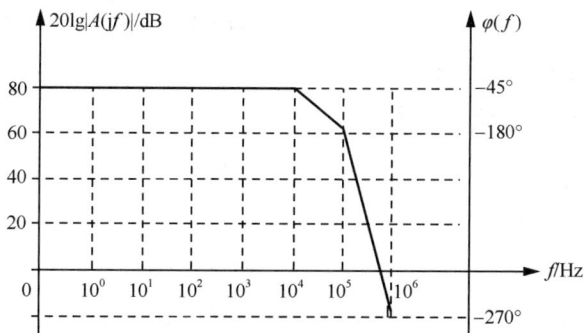

图 5.21　幅频特性曲线的波特图

若反馈系数B为常数，相位为0，环路增益的相位交界频率是f_c。为了满足负反馈放大电路的稳定工作条件，在相位交界频率f_c处环路增益需要满足

$$20\lg|A(jf_c)B(jf_c)| = 20\lg|A(jf_c)B| < 0\text{dB}$$

已知 $20\lg|A(jf_c)| = 60\text{dB}$，稳定条件为

$$20\lg\frac{1}{B} > 20\lg|A(jf_c)| = 60\text{dB}$$

即 $20\lg B < -60\text{dB}$，反馈系数的上限是10^{-3}。

习题5.13　级联放大电路的电压增益 $A_u = \dfrac{10^4\,jf}{\left(1+j\dfrac{f}{10}\right)\left(1+j\dfrac{f}{10^4}\right)\left(1+j\dfrac{f}{10^5}\right)\left(1+j\dfrac{f}{10^6}\right)}$。

（1）画出该放大电路的幅频响应波特图。

（2）在工程应用中，引入负反馈可使放大电路能够稳定工作。在保证稳定的相位裕量前提下，反馈系数的上限值为多少？

知识点复习及分析

（1）波特图的绘制方法详见习题4.2，在此不再赘述。

（2）本题涉及的负反馈放大电路稳定性分析的知识点和分析方法同习题5.11的分析过程，在此不再赘述。

解答

（1）该放大电路的幅频响应波特图如图5.22所示。由波特图可知，低频截频 $f_1 = 10\text{Hz}$，高频截频 $f_h = 10^4\text{Hz}$。

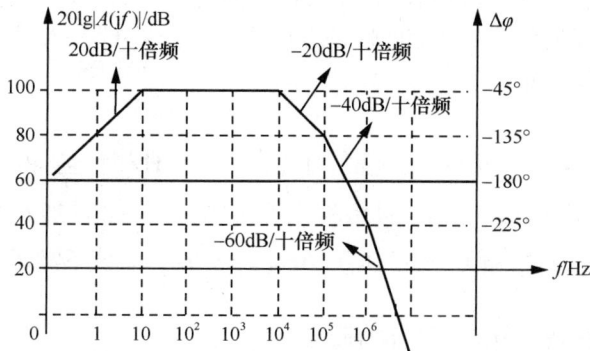

图 5.22　幅频响应波特图

（2）在工程应用中，引入负反馈可使放大电路能够稳定工作。当相位裕量为45°时，满足 $20\lg|A(\mathrm{j}f_c)B(\mathrm{j}f_c)|=20\lg|A(\mathrm{j}f_c)B|<0\mathrm{dB}$。

已知 $20\lg|A(\mathrm{j}f_c)|=80\mathrm{dB}$，稳定条件为

$$20\lg\frac{1}{B}>20\lg|A(\mathrm{j}f_c)|=80\mathrm{dB}$$

整理得反馈系数的上限为

$$B_{\max}=10^{-4}$$

习题5.14 图5.23（a）所示放大电路的波特图如图5.23（b）所示。

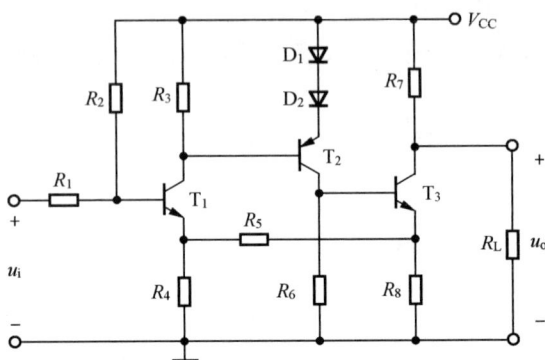 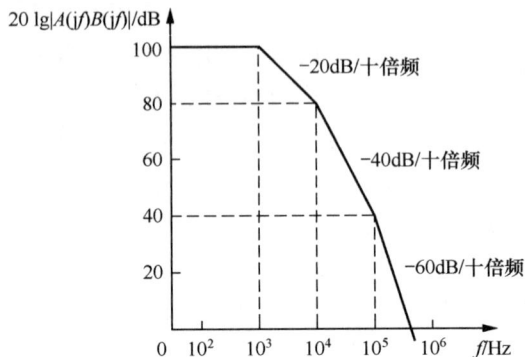

（a）放大电路　　　　　　　　　　　　　（b）波特图

图 5.23　题 5.14 图

（1）判断该电路是否会产生自激振荡，并简述理由。

（2）若电路产生了自激振荡，则应采取什么措施消振？

（3）若将一个50pF的电容分别接在3个三极管的基极和地之间均未能消振，则将其接在何处有可能消振？为什么？

知识点复习及分析

（1）本题第（1）问涉及的负反馈放大电路稳定性分析的知识点和分析方法同习题5.11的分析过程，在此不再赘述。

（2）本题第（2）（3）问涉及消除负反馈放大电路自激振荡方法的相关知识点。消除自激振荡的常用方法包括滞后补偿和超前补偿。

滞后补偿的基本思想是在放大电路中增加一定的阻容元件，则放大电路的附加相位相对滞后，使相位交界频率f_c处的环路增益$|AB|<1$（即幅度裕量$G_m<0$），电路能够稳定工作。

超前补偿的基本思想是在易于产生自激振荡的频率点左边引入一个零点，利用零点产生的超前相移获得所需的闭环稳定性。

解答

（1）电路会产生自激振荡。由图5.23（b）可知，$f=10^3\mathrm{Hz}$ 时附加相移为$-45°$，$f=10^4\mathrm{Hz}$ 时附加相移约为$-135°$，$f=10^5\mathrm{Hz}$ 时附加相移约为$-225°$，因此附加相移为$-180°$时的频率在 $10^4\sim10^5\mathrm{Hz}$ 之间，此时环路增益为 $20\lg|A(\mathrm{j}f_c)B(\mathrm{j}f_c)|>0\mathrm{dB}$。系统不满足稳定工作条件，可能会产生自激振荡。

（2）可在三极管T_2的基极与地之间加消振电容。

（3）可在晶体管T_2的基极和集电极之间加消振电容。根据密勒定理，增加消振电容对CE组态的放大电路有密勒倍增效应，等效在基极与发射极之间的倍增电容比实际电容大得多，因此容

易消振。

习题5.15 两个负反馈放大电路如图5.24（a）和图5.24（b）所示。若每个电路中各管参数相同，不考虑分布电容的影响，请分析电路是否可能产生自激振荡。如果有自激振荡，为保持输出电压稳定，应在电路的何处增加电容补偿？

知识点复习及分析

本题涉及的知识点及分析思路与习题5.14相同，在此不再赘述。

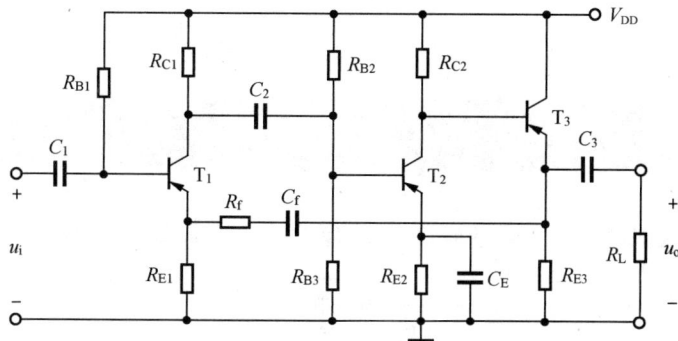

（a）电路图1

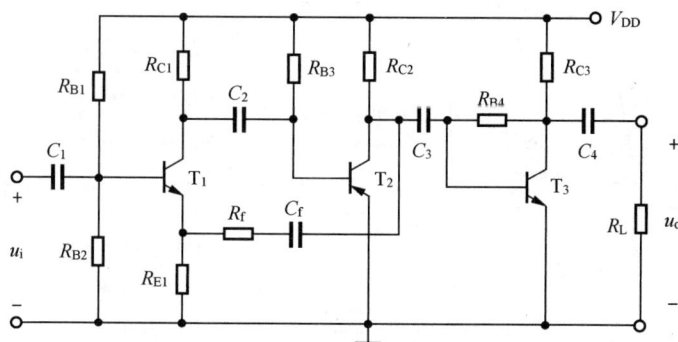

（b）电路图2

图 5.24 题 5.15 图

解答

（1）图5.24（a）所示为共射-共射-共集放大电路，存在4个极点，每个极点贡献$-90°$的附加相移。输入信号u_i经T_1、T_2和T_3后得到的输出信号u_o存在$-360°$的附加相移。反馈网络包含反馈电容C_f，将输出信号u_o引入输入端，并与输入信号u_i进行作用。然而，该电容不能进行相位滞后补偿。

为使电路保持输出电压稳定，应在电路可能发生自激的位置增加电容补偿，即在T_1和T_2两级放大电路之间增加电容补偿电路。

（2）图5.24（b）为共射-共射-共射放大电路。反馈网络包含反馈电容C_f，一端连接至T_2的集电极，另一端连接至T_1的发射极，构成级间交流反馈。T_1和T_2组成的两级放大电路存在3个极点，每个极点贡献$-90°$的附加相移，则T_2集电极的输出信号u_{c2}存在$-270°$的附加相移。虽然引入了R_f和C_f的阻容补偿，但该补偿位于T_2和T_3之间，因此不能进行相位滞后补偿。

为使电路保持输出电压稳定，应在电路可能发生自激的位置增加电容补偿，即在T_1和T_2两级放大电路之间增加电容补偿电路。

第6章 模拟集成放大电路基础习题解析及参考答案

6.1 思维导图

主教材中第6章模拟集成放大电路基础相关知识的思维导图如图6.1所示。

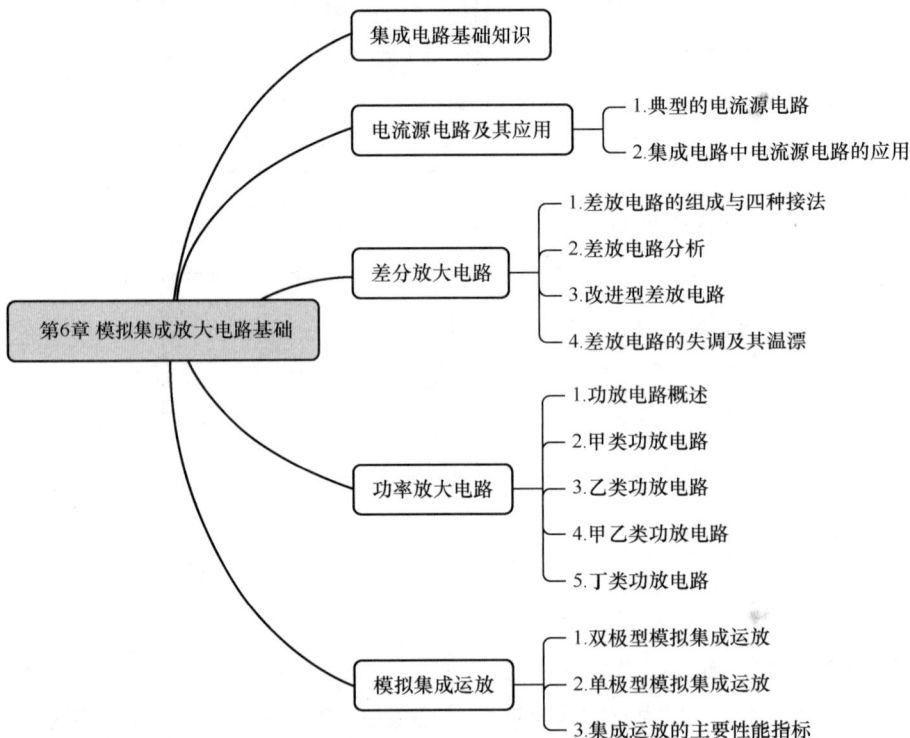

图 6.1 主教材中第 6 章的思维导图

6.2 习题解析及参考答案

习题6.1 电流源电路如图6.2所示，请给出输出电流 I_o 和参考电流 I_R 之间的关系。

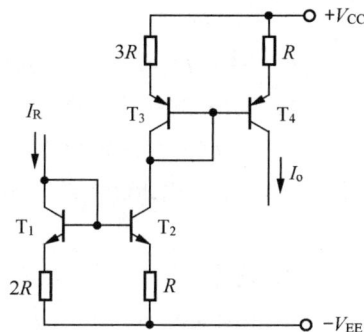

图 6.2　题 6.1 图

知识点复习及分析

本题涉及的知识点为三极管比例电流源电路。图6.2中有两组比例电流源电路，T_1和T_2是一组，T_3和T_4是一组。T_1和T_2组中，T_1中的I_R为参考电流，其输出电流是T_2的集电极电流，同时也是T_3和T_4组比例电流源的参考电流。T_3和T_4组的输出电流I_o，根据比例电流源的特点，即可计算出输出电流I_o。

【习题 6.1】电流源
电路

解答

T_1和T_2、T_3和T_4分别组成比例电流源，则有

$$\frac{I_{C2}}{I_R} \approx \frac{2R}{R} = 2$$

$$\frac{I_o}{I_{C3}} \approx \frac{3R}{R} = 3$$

$$I_{C2} \approx I_{C3}$$

整理得 $\dfrac{I_o}{I_R} \approx 6$。

习题6.2　图6.3使用比例电流源作为射极输出放大电路的有源负载，可增大输入电阻，使电压增益更接近于1。若图中T_2和T_3特性相同，$U_{BE} = 0.7V$，试求电路中的I_{C2}。

知识点复习及分析

本题涉及的知识点为三极管比例电流源电路。电流源在集成电路中的作用主要有两点：一是提供合适的静态电流；二是作为有源负载替代电路中的电阻。图6.3中的比例电流源在电路中的作用正是这两点。

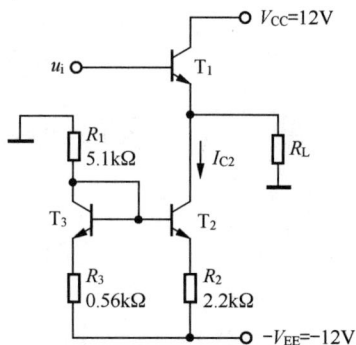

图 6.3　题 6.2 图

解答

若忽略三极管的基极电流，则有

$$I_{C3} = I_{R1} = \frac{V_{EE} - U_{BE3}}{R_1 + R_3} = \frac{12 - 0.7}{5.1 + 0.56} \approx 1.996\text{mA}$$

根据比例电流源的特点，可求得

$$I_{C2} \approx \frac{R_3}{R_2} I_{C3} = \frac{0.56}{2.2} \times 1.996 \approx 0.51\text{mA}$$

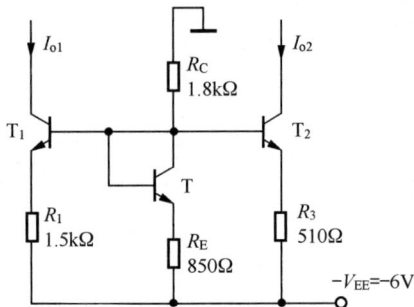

图 6.4 题 6.3 图

习题6.3 多路比例电流源如图6.4所示，已知各管特性一致且 $U_{BE} = 0.7V$ ，试求输出电流 I_{o1} 和 I_{o2} 。

知识点复习及分析

本题涉及的知识点为三极管比例电流源电路、多路电流源电路。图6.4中两个电流源的参考电流是三极管T的集电极电流 I_R 。

解答

由6.4可知，参考电流为

$$I_R = \frac{V_{EE} - U_{BE}}{R_C + R_E} = \frac{6 - 0.7}{0.85 + 1.8} = 2mA$$

因此有

$$I_{o1} = \frac{R_E}{R_1} I_R = \frac{0.85}{1.5} \times 2 \approx 1.13mA$$

$$I_{o2} = \frac{R_E}{R_3} I_R = \frac{0.85}{0.51} \times 2 \approx 3.33mA$$

习题6.4 几何比例电流源如图6.5所示，已知电流 $I_R = 30\mu A$ ，各管沟道的宽长比在图中给出，试求输出电流 I_{o1} 和 I_{o2} 。

知识点复习及分析

本题涉及的知识点为比例电流源电路。对于图6.5中的MOS场效应管电流源电路，调整MOS场效应管沟道的宽长比，可以改变输出电流 I_o 与参考电流 I_R 的比例。本题是一个多路电流源电路，参考电流为 I_R ，输出电流分别为 I_{o1} 和 I_{o2} 。

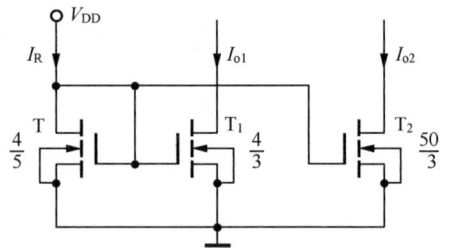

图 6.5 题 6.4 图

T、T_1 和 T_2 工作在恒流区，由于 $U_{GS} = U_{GS1} = U_{GS2}$ ，其他参数相同，则漏极电流为

$$I_D = K(U_{GS} - U_{GS,th})^2 = \frac{\mu_n C_{OX} W}{2L}(U_{GS} - U_{GS,th})^2$$

用 S_T 、S_{T1} 、S_{T2} 表示3个场效应管的沟道宽长比 $\frac{W}{L}$ ，则有

$$I_{o1} = \frac{S_{T1}}{S_T} I_R$$

$$I_{o2} = \frac{S_{T2}}{S_T} I_R$$

解答

根据MOS场效应管比例电流源电路的原理，有

$$I_{o1} = \frac{S_{T1}}{S_T} I_R$$

$$I_{o2} = \frac{S_{T2}}{S_T} I_R$$

其中 $S_{T1} = \frac{W_1}{L_1}$ 和 $S_{T2} = \frac{W_2}{L_2}$ 表示 T_1 和 T_2 MOS场效应管的沟道宽长比，则有

$$I_{o1} = \frac{4/3}{4/5} I_R \approx 50\mu A$$

$$I_{o2} = \frac{50/3}{4/5} I_R \approx 625\mu A$$

习题6.5　差分放大电路如图6.6所示，已知三极管参数为 $\beta = 100$ ，$U_{BE} = 0.7V$ ，$r_{bb'}$ 忽略不计。$R_L = 10k\Omega$ 时，试求：

（1）双端输出时的 R_{id} 、R_{od} 、A_{ud} 。

（2）单端输出时的 R_{ic} 、R_{oc} 、A_{uc} 以及 K_{CMR} 。

知识点复习及分析

本题涉及的知识点为差分放大电路。差分放大电路的输入方式有两种：单端输入和双端输入；输出方式也有两种：单端输出和双端输出。电路分析主要有两个方面：静态分析和动态分析。动态分析包括差模增益 A_{ud} 、共模增益 A_{uc} 、共模抑制比 $\frac{A_{ud}}{A_{uc}}$ 、输入电阻和输出电阻。图6.6是双端输入、双端输出的差分放大电路，相关分析方法在主教材中已有详细介绍，在此不再赘述。

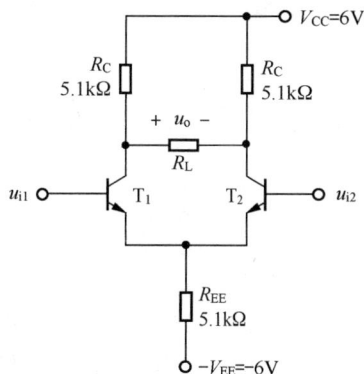

图 6.6　题 6.5 图

解答

首先进行差分放大电路的静态分析，计算得到静态电流为

$$I_{CQ1} = I_{CQ2} \approx \frac{I_{EE}}{2} = \frac{V_{EE} - U_{BE}}{2R_{EE}} \approx 0.52mA$$

（1）电路双端输出时，差模性能参数为

$$R_{id} = 2h_{ie1} = 2 \times [r_{bb'} + (1 + h_{fe})r_e] \approx 2(1 + \beta)\frac{26}{I_{CQ1}} = 10.1k\Omega$$

$$R_{od} = 2R_C = 2 \times 5.1 = 10.2k\Omega$$

$$A_{ud} = -\frac{h_{fe}\left(R_C // \dfrac{R_L}{2}\right)}{h_{ie}} \approx -50$$

（2）电路单端输出时（假设 T_1 为集电极输出），参数计算如下

$$R_{ic} = \frac{1}{2}\left[h_{ie1} + (1 + h_{fe}) \times 2R_{EE}\right] \approx 0.52M\Omega$$

$$R_{oc} = R_C = 5.1k\Omega$$

$$A_{uc1} = -\frac{h_{fe}(R_C // R_L)}{h_{ie1} + (1 + h_{fe}) \times 2R_{EE}} \approx -\frac{R_C // R_L}{2R_{EE}} \approx -0.33$$

$$A_{ud1} = -\frac{1}{2}\frac{h_{fe}(R_C // R_L)}{h_{ie1}}$$

$$K_{CMR} = \left|\frac{A_{ud1}}{A_{uc1}}\right| \approx \frac{h_{fe}R_{EE}}{h_{ie1}} \approx 101$$

习题6.6　差分放大电路如图6.7所示，已知三极管参数为 $\beta = 100$ ，$U_{BE} = 0.7V$ ，$r_{bb'}$ 忽略不计，$r_{ce} = 50k\Omega$ 。若 $I_{EE} = 1.04mA$ ，$R_L = 10k\Omega$ ，试求：

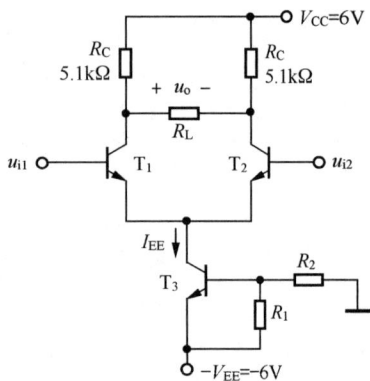

图 6.7 题 6.6 图

（1）双端输出时的 R_{id}、R_{od}、A_{ud}。

（2）单端输出时的 R_{ic}、R_{oc}、A_{uc} 以及 K_{CMR}。

（3）与习题6.5的结果进行比较分析。

知识点复习及分析

本题涉及的知识点为恒流源差分放大电路。图6.7中的射极电阻用一个恒流源替代，由T_3、R_1和R_2组成的恒流源电路的作用共两个：一是为差分放大电路提供直流电流；二是作为有源负载替代射极大电阻R_{EE}。图6.7是双端输入、双端输出的差放电路，相关分析方法在主教材中已有详细介绍，在此不再赘述。

解答

该电路为恒流源差分放大电路。

（1）电路双端输出时，差模性能参数为

$$R_{id} = 2h_{ie1} = 2(1+\beta)\frac{26}{I_{EE}/2} = 10.1\text{k}\Omega$$

$$R_{od} = 2R_C = 10.2\text{k}\Omega$$

$$A_{ud} = -\frac{h_{fe}\left(R_C // \dfrac{R_L}{2}\right)}{h_{ie}} \approx -50$$

（2）电路单端输出时（假设T_1为集电极输出），分析计算过程如下

$$R_{ic} = \frac{1}{2}\left[h_{ie1} + (1+h_{fe})\times 2r_{ce3}\right] \approx 5.05\text{M}\Omega$$

$$R_{oc} = R_C = 5.1\text{k}\Omega$$

$$A_{uc1} = -\frac{h_{fe}(R_C // R_L)}{h_{ie1} + (1+h_{fe})\times 2r_{ce3}} \approx -\frac{R_C // R_L}{2r_{ce3}} \approx -0.03$$

$$A_{ud1} = -\frac{1}{2}\frac{h_{fe}(R_C // R_L)}{h_{ie1}}$$

$$K_{CMR} = \left|\frac{A_{ud1}}{A_{uc1}}\right| \approx \frac{h_{fe}r_{ce3}}{h_{ie1}} \approx 990$$

（3）用恒流源电路代替公共射极大电阻 R_{EE}，可降低共模增益，显著提高差分放大电路的共模抑制能力。

习题6.7 恒流源差分放大电路如图6.8所示。已知晶体管的 $\beta = 100$，$U_{BE} = 0.7\text{V}$，$r_{bb'} = 80\Omega$，$r_{ce} = 100\text{k}\Omega$。

（1）求各管的静态工作点 I_{CE} 和 U_{CEQ}。

（2）画出差分放大电路的交流通路和其低频小信号等效电路图。

（3）计算双端输出时的差模电压增益和差模输入电阻。

知识点复习及分析

本题涉及的知识点为恒流源差分放大电路。图6.8中

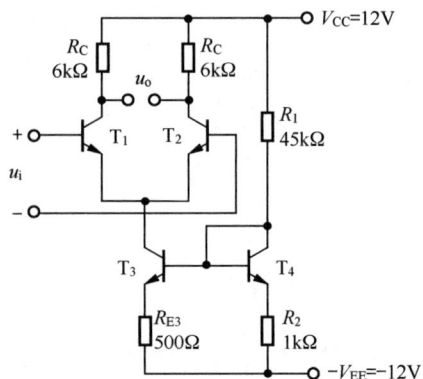

图 6.8 题 6.7 图

的射极电阻用一个恒流源替代，该恒流源是典型的比例电流源电路。

解答

（1）R_1、T_4、R_2支路电流为

$$I_{CQ4} = \frac{V_{CC} + V_{EE} - U_{BE}}{R_1 + R_2} \approx 0.51 \text{mA}$$

比例电流源的输出电流为

$$I_{CQ3} \approx \frac{R_2}{R_{E3}} I_{CQ4} = \frac{1000}{500} \times 0.51 = 1.02 \text{mA}$$

根据差分放大电路的对称性，有

$$I_{CQ1} = I_{CQ2} = \frac{I_{CQ3}}{2} = 0.51 \text{mA}$$

观察图6.8，有

$$U_{CEQ4} = U_{BE4} \approx 0.7 \text{V}$$

进行静态分析时，$u_{id} = 0\text{V}$。对于单输入差分放大电路，依据电路的对称性，有

$$U_{B1} = U_{B2} = 0 \text{V}$$

由于硅管的发射结导通压降是0.7V，即$U_{C3} = -0.7\text{V}$，因此

$$U_{CEQ1} = V_{CC} - I_{CQ2} R_{C2} - U_{C3} = 9.64 \text{V}$$

$$U_{CEQ2} = U_{CEQ1} = 9.64 \text{V}$$

$$U_{CEQ3} = U_{C3} - I_{CQ3} R_{E3} + V_{EE} = 10.8 \text{V}$$

（2）将T_3、T_4组成的电流源等效为T_1和T_2的射极电阻，则该差分放大电路的交流通路如图6.9所示；低频小信号等效电路如图6.10所示，其中$u_{id1} = -u_{id2} = \dfrac{u_i}{2}$。图6.9和图6.10中$T_1$和$T_2$的基极分别用符号M和N描述。

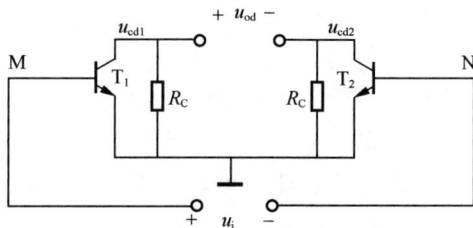

图6.9　差分放大电路的交流通路

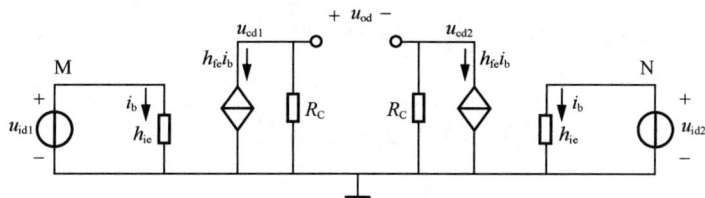

图6.10　差分放大电路的低频小信号等效电路

（3）由于$I_{CQ1} = I_{CQ2} = 0.51\text{mA}$，因此三极管CE组态放大电路的$h_{ie}$为

$$h_{ie} = r_{bb'} + (1+\beta)\frac{26}{I_{CQ}} = r_{bb'} + \frac{26}{I_{BQ}} = 5.23\text{k}\Omega$$

双端输出时的差模增益为

$$A_{ud} = \frac{u_{o1} - u_{o2}}{u_{id}} = -\frac{\beta R_C}{h_{ie}} \approx -114.7$$

差模输入电阻为

$$r_i' = 2h_{ie} = 2 \times 5.23 = 10.5\text{ k}\Omega$$

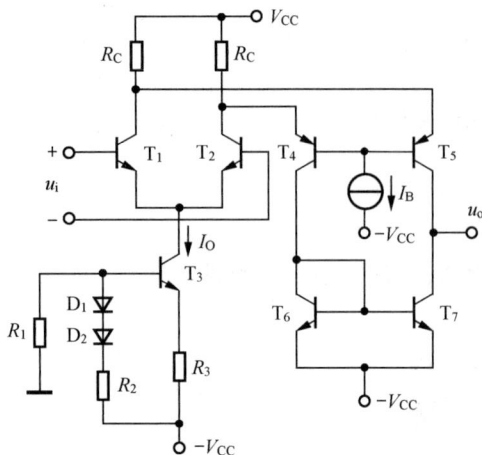

图6.11　题6.8图

习题6.8　共射-共基级联差分放大电路如图6.11所示，已知T_1的发射极电位$U_{E1} = 0\text{V}$，$R_1 = R_2$。

（1）给出流过电阻R_1和R_2的直流电流之间的关系。

（2）直流电流I_O的大小。

（3）直流电压U_{CE4}的大小。

（4）若已知所有三极管的h参数，写出电路的中频电压增益表达式。

知识点复习及分析

本题涉及的知识点为恒流源差分放大电路。图6.11中共有两组差分放大电路，一组是由T_1和T_2构成的CE组态差分放大电路，其射极电阻用一个恒流源替代，但该恒流源并不是主教材中介绍的典型电流源电路。电流源由T_3及外围的R_1、R_2、R_3、D_1、D_2和电源$-V_{CC}$组成。假设基极电流与R_2、D_1、D_2支路的电流相比可以忽略不计，$R_1 = R_2$，且二极管压降和三极管的发射结压降近似相等，二极管D_1、D_2中间点的电位与T_3的发射极电位相同，均为$\dfrac{-V_{CC}}{2}$，则有

$$I_O = I_{C3} \approx I_{E3} = \frac{\dfrac{-V_{CC}}{2} - (-V_{CC})}{R_3} = \frac{V_{CC}}{2R_3}$$

另一组是由T_4和T_5构成的CB组态差分放大电路。

解答

（1）若流过电阻R_1的直流电流为I_1，流过电阻R_2的直流电流为I_2，如果忽略T_3的基极电流，有

$$I_1 \approx I_2 = \frac{V_{CC} - 2U_D}{2R_2}$$

（2）图6.11中，$U_{BE} + I_3 R_3 = 2U_D + I_2 R_2$。如果$R_1 = R_2$，$U_{BE} = U_D$，则$T_3$的射极电位$U_{E3} = -V_{CC}/2$，电流源输出的直流电流为

$$I_O = I_{C3} \approx I_{E3} = \frac{-V_{CC}/2 - (-V_{CC})}{R_3} = \frac{V_{CC}}{2R_3}$$

（3）假设T_4的发射结压降为0.7V，则直流电压U_{CE4}为

$$U_{CE4} = U_{C4} - U_{E4} = (-V_{CC} + 0.7) - \left(V_{CC} - \frac{I_O}{2}R_C\right)$$

（4）该电路为共射-共基组合放大电路，双入双出，其增益等于单管放大电路的增益，总的电压增益为

$$A_u = A_{u1}A_{u4}$$

已知

$$A_{u1} = -\frac{h_{fe1}(h_{ib4}//R_C)}{h_{ie1}}$$

$$A_{u4} = \frac{h_{fb4}r_{o7}}{h_{ib4}}$$

其中，h_{fe1}、h_{ie1}是由对称的T_1和T_2构成的CE组态放大电路的h参数；h_{fb4}、h_{ib4}是由对称的T_4和T_5构成的CB组态放大电路的h参数；r_{o7}是由对称的T_6和T_7组成的电流源的交流电阻。

需要说明的是，如果题目仅给出了三极管CE组态放大电路的h参数，没有给出CB组态放大电路的h参数，可以通过CE组态放大电路的h参数和CB组态放大电路的h参数转换公式获得。

习题6.9 在图6.12所示的放大电路中，所有三极管的$\beta=80$，T_1、T_2、T_5为硅管，$U_{BE1}=U_{BE2}=U_{BE5}=0.7V$，$T_4$为锗管，$|U_{BE4}|=0.2V$，各管的$r_{bb'}$均为$200\Omega$。忽略$RC$。

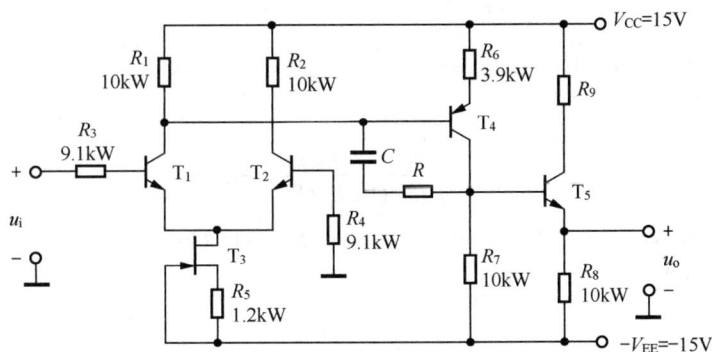

图6.12 题6.9图

（1）当$u_i=0$时，$u_o=0$，计算I_{CQ5}、I_{CQ4}、I_{CQ1}以及U_{GSQ3}。

（2）当电路空载，即$R_L=+\infty$时，计算该电路的电压增益。

（3）当电路输出端接$R_L=12k\Omega$的负载时，计算该电路的电压增益。

知识点复习及分析

图6.12所示电路为三级直接耦合放大电路，第一级是由T_1和T_2构成的差分放大电路，单端输入，单端输出，T_3提供恒流偏置；第二级是由T_4构成的含有射极电阻的共射电路；第三级是由T_5构成的射极跟随器，电压增益近似为1。

解答

（1）静态分析如下。

$$I_{CQ5} \approx I_{EQ5} = \frac{V_{EE}}{R_8} = 1.5mA$$

$$I_{CQ4} = \frac{V_{CQ4}-(-V_{EE})}{R_7} = \frac{V_{BEQ5}-(-V_{EE})}{R_7} = 1.57mA$$

$$I_{EQ4} \approx I_{CQ4} = 1.57mA$$

$$I_{CQ1} = \frac{I_{EQ4}R_6 + V_{BEQ4}}{R_1} \approx 0.63\text{mA}$$

$$I_{EQ1} \approx I_{CQ1} = 0.63\text{mA}$$

$$I_{DQ3} = 2I_{EQ1} = 1.26\text{mA}$$

$$U_{GSQ} = -I_{DQ3}R_5 \approx -1.51\text{V}$$

（2）动态分析如下。

$$h_{ie1} = r_{bb'} + (1+h_{fe})\frac{U_T}{I_{EQ1}} \approx 3.54\text{k}\Omega$$

$$h_{ie4} = r_{bb'} + (1+h_{fe})\frac{U_T}{I_{EQ4}} \approx 1.54\text{k}\Omega$$

$$h_{ie5} = r_{bb'} + (1+h_{fe})\frac{U_T}{I_{EQ5}} \approx 1.6\text{k}\Omega$$

第一级电压增益为

$$A_{u1} = -\frac{1}{2}\frac{h_{fe}(R_1 /\!/ R_{i4})}{R_3 + h_{ie1}} \approx -30.7$$

其中 R_{i4} 为第二级 T_4 的输入电阻，即 $R_{i4} = h_{ie4} + (1+h_{fe})R_6 = 317.44\text{k}\Omega$。

第二级电压增益为

$$A_{u2} = -\frac{h_{fe}(R_7 /\!/ R_{i5})}{h_{ie4} + (1+h_{fe})R_6} \approx -2.49$$

其中 R_{i5} 为第三级 T_5 的输入电阻，即 $R_{i5} = h_{ie5} + (1+h_{fe})R_8 = 811.6\text{k}\Omega$。

第三级电压增益为

$$A_{u3} = \frac{(1+h_{fe})R_8}{h_{ie5} + (1+h_{fe})R_8} \approx 1$$

综上所述，$A_u = A_{u1}A_{u2}A_{u3} \approx 76.4$。

（3）负载 $R_L = 12\text{k}\Omega$ 时，第三级的电压增益为

$$A_{u3} = \frac{(1+h_{fe})(R_8 /\!/ R_L)}{h_{ie5} + (1+h_{fe})(R_8 /\!/ R_L)} \approx 1$$

故该电路的电压增益为

$$A_u = A_{u1}A_{u2}A_{u3} \approx 76.4$$

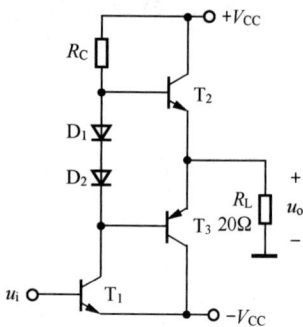

图 6.13　题 6.10 图

习题6.10　电路如图6.13所示，已知负载电阻 $R_L = 20\Omega$，要求输出功率为10W。请确定功放管要求的极限参数，包括功放管的最大允许耗散功率 P_{CM}、功放管的反向击穿电压 $U_{BR,CEO}$、功放管允许的集电极最大允许电流 I_{CM} 和电源电压 V_{CC}。

知识点复习及分析

本题涉及的知识点为功率放大电路。图6.13为甲乙类功率放大电路，现要根据已知条件，对功放管的指标参数进行选择。功放电路的参数选择并不多，也不是很复杂，但是需要理解功放电路的工作原理。

功放电路的主要参数如下。

①集电极最大允许电流 $I_{CM} > I_{om}$，其中 I_{om} 是负载最大电流。

②最大允许耗散功耗 $P_{CM} > 0.2P_{o,max}$，其中 $P_{o,max}$ 是负载最大功率。

③反向击穿电压 $U_{BR,CEO} > 2V_{CC}$。在图6.13所示的功率放大电路中，一个三极管饱和导通时，另一个三极管处于截止状态且承受最大反向电压。

【习题6.10】功放电路

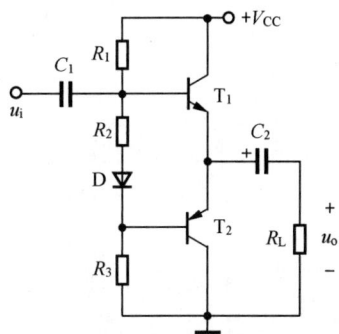

④电源电压 V_{CC}。V_{CC} 的选择是根据电路输出最大功率的需求来计算的，即根据 $P_{o,max} = \dfrac{U_{OM}^2}{2R_L}$ 来计算 U_{OM}，而 $U_{OM} = V_{CC} - U_{CES}$。如果忽略饱和压降 U_{CES}，则 $U_{OM} \approx V_{CC}$。

解答

（1）最大允许耗散功耗 P_{CM} 为

$$P_{CM} > 0.2P_{o,max} = 2\text{W}$$

（2）已知 $P_{o,max} = \dfrac{U_{OM}^2}{2R_L}$，即

$$10 = \frac{U_{OM}^2}{2 \times 20}$$

代入数据得

$$U_{OM} = 20\text{V}$$

则电源电压为

$$V_{CC} \approx U_{OM} = 20\text{V}$$

（3）$U_{BR,CEO} \approx 2V_{CC} = 40\text{V}$

（4）已知 $P_{o,max} = \dfrac{I_{OM}^2 R_L}{2}$

代入数据得

$$\frac{I_{OM}^2 \times 20}{2} = 10$$

整理得

$$I_{om} = 1\text{A}$$

因此功放管的集电极最大允许电流 $I_{CM} > 1\text{A}$。

习题6.11 单电源供电的OTL功放电路如图6.14所示，假定负载电阻 $R_L = 8\Omega$，要求最大输出功率为20W。

（1）电源电压 V_{CC} 为多少？

（2）直流电源供给功率 P_{DC} 为多少？

（3）三极管的反向击穿电压 $U_{BR,CEO}$ 是多少？

（4）放大电路的效率最大值是多少？

知识点复习及分析

本电路是一个单电源供电的OTL功放电路。在单电源供电的互补推挽功放电路中，每个三极管的工作电压变为 $V_{CC}/2$，输出电压最大值不超过 $V_{CC}/2$。因此在分析其输出功率、电源直流功率、转换效率时也需要修正对应的

图6.14 题6.11图

电源电压数值。

题目要求通过电路分析计算电路的相关参数，其中部分参数的计算与题6.10相同，如功率放大电路的电源电压、三极管的反向击穿电压 $U_{\text{BR,CEO}}$。

直流电源供给功率 P_{DC} 和效率也是功放电路中非常重要的参数。主教材中对于直流电源供给功率的计算有分析推导，得到结果是 $P_{\text{DC}} = \dfrac{2U_{\text{om}}(V_{\text{CC}}/2)}{\pi R_{\text{L}}}$。如果这个结论公式没有记住，可以根据电路的工作原理进行分析推导。首先计算电源提供给单管的功率为

$$P_{\text{DC(单)}} = I_{\text{DC(单)}}\frac{V_{\text{CC}}}{2}$$

其中每个单管工作半周时的平均电流为

$$I_{\text{DC(单)}} = \frac{1}{2\pi}\int_0^\pi I_{\text{om}}\sin\omega t\,\text{d}(\omega t) = \frac{I_{\text{om}}}{\pi} = \frac{U_{\text{om}}}{\pi R_{\text{L}}}$$

直流电源供给功率是单管的2倍，即

$$P_{\text{DC}} = 2P_{\text{DC(单)}} = \frac{2U_{\text{om}}(V_{\text{CC}}/2)}{\pi R_{\text{L}}}$$

如果忽略 U_{CES}，则

$$U_{\text{om}} = \frac{V_{\text{CC}}}{2} - U_{\text{CES}} \approx \frac{V_{\text{CC}}}{2}$$

主教材中对于放大电路的效率及其最大值的计算有分析推导。如果结论没有记住，可据效率的定义 $\eta = \dfrac{P_{\text{o}}}{P_{\text{DC}}}$ 进行分析推导，其中 $P_{\text{o}} = \dfrac{U_{\text{om}}^2}{2R_{\text{L}}}$，将输出给负载的功率和直流电源供给功率 P_{DC} 代入公式 $\eta = \dfrac{P_{\text{o}}}{P_{\text{DC}}}$，整理得 $\eta = \dfrac{P_{\text{o}}}{P_{\text{DC}}} = \dfrac{\pi}{4}\cdot\dfrac{U_{\text{om}}}{V_{\text{CC}}/2}$。若忽略三极管的饱和压降，则 $U_{\text{om}} = \dfrac{V_{\text{CC}}}{2} - U_{\text{CES}} \approx \dfrac{V_{\text{CC}}}{2}$，效率为 $\eta = \dfrac{\pi}{4} = 78.5\%$。

解答

（1）输出给负载的最大功率为

$$P_{\text{om}} = \frac{1}{2}\cdot\frac{U_{\text{om}}^2}{R_{\text{L}}} = \frac{\left(\dfrac{V_{\text{CC}}}{2} - U_{\text{CES}}\right)^2}{2R_{\text{L}}}$$

若忽略 U_{CES}，整理得

$$V_{\text{CC}} = 2\sqrt{2R_{\text{L}}P_{\text{om}}} = 25.3\text{V}$$

取 $V_{\text{CC}} = 26\text{V}$。

（2）直流电源供给功率为

$$P_{\text{DC}} = \frac{2U_{\text{om}}(V_{\text{CC}}/2)}{\pi R_{\text{L}}} = 13.45\text{W}$$

（3）三极管的反向击穿电压为

$$U_{\text{BR,CEO}} > \frac{V_{\text{CC}}}{2} + \left(\frac{V_{\text{CC}}}{2} - U_{\text{CES}}\right) = 26\text{V}$$

（4）转换效率为

$$\eta = \frac{P_o}{P_{DC}} = \frac{\pi}{4} \cdot \frac{U_{om}}{V_{CC}/2} = \frac{\pi}{4} \cdot \frac{\left(\dfrac{V_{CC}}{2} - U_{CES}\right)}{\dfrac{V_{CC}}{2}} \approx 78.5\%$$

习题6.12 电路如图6.15所示，$R_5 = R_6 = R_7 = R_8 = 1\text{k}\Omega$，$V_{CC} = 12\text{V}$，忽略三极管的饱和压降$U_{CES}$。

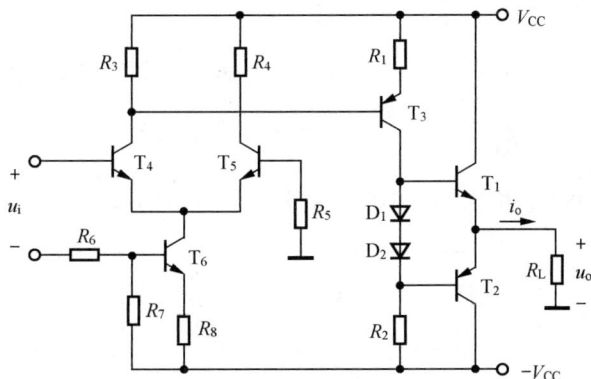

图 6.15 题 6.12 图

（1）简述该电路的组成结构，定性描述该电路的功能，并说明电路中D_1、D_2、T_1、T_2、T_3所起的作用。

（2）计算T_6的集电极静态电流I_{C6}，并说明T_6、R_6、R_7、R_8组成的电路的功能。

（3）为了稳定输出电压，增大输入电阻。请在图示电路中引入合适的负反馈电阻，并说明引入的负反馈类型。

（4）在满足深度负反馈条件下，当$A_{uf} = 10$时，计算R_f的取值。

（5）求最大输出功率P_{om}；当$A_{uf} = 10$时，为使输出功率达到P_{om}，求输入电压的有效值。

知识点复习及分析

这是一道综合多个知识点的题目，其中涉及的知识点主要有恒流源、差分放大电路、功放电路、负反馈。

图6.15所示的是二级级联的放大电路，第一级是CE组态的差分放大电路，第二级是甲乙类功放电路。

对于CE组态的差分放大电路其射极电阻非常大，图6.15中用T_6、R_6、R_7、R_8组成的恒流源替代，同时提供偏置电流。

题中要求引入的负反馈能够稳定输出电压，增大输入电阻，因此需要引入电压串联负反馈。

对于深度负反馈条件下的闭环增益、反馈系数的分析计算方法，第5章习题5.1、5.2的分析中已经进行了详细介绍，在此不再赘述。

解答

（1）电路的组成结构分析如下。

该电路由两部分组成，构成级联放大电路，第一级是由一对共射放大电路组成的差分放大电路，第二级是一个甲乙类OCL功放电路。甲乙类OCL功放电路中，D_1、D_2两个二极管负责消除PN结死区带来的交越失真，T_1、T_2构成互补推挽放大电路，T_3组成共射组态放大电路。

（2）T_6集电极静态电流I_{C6}的分析计算如下。

经分析，差分放大电路的射极电阻由 T_6、R_6、R_7、R_8 组成的恒流源替代。T_6、R_6、R_7、R_8 组成电路的功能有两个：一是为差分放大电路提供恒定的直流偏置电流；二是作为有源负载，替代差分放大电路中的射极电阻。

在分析过程中，假设输入信号 u_i 的负极接电路中的参考地，电位为 0；T_6 的基极电流 I_{BQ} 对于 R_6 中的电流来说很小，分析过程中可忽略不计。此时 T_6 的基极静态电压为

$$U_{BQ} = -\frac{V_{CC}R_6}{R_6 + R_7} = -6\text{V}$$

若三极管为硅管，$U_{BEQ} = 0.7\text{V}$，有 $U_{BQ} - 0.7 - I_{EQ}R_8 = -V_{CC}$，因此有

$$I_{CQ} \approx I_{EQ} = \frac{U_{BQ} - U_{BEQ} - (-V_{CC})}{R_8} = 5.3\text{mA}$$

（3）为了稳定输出电压，增大输入电阻，需要引入电压串联负反馈，如图6.16所示。

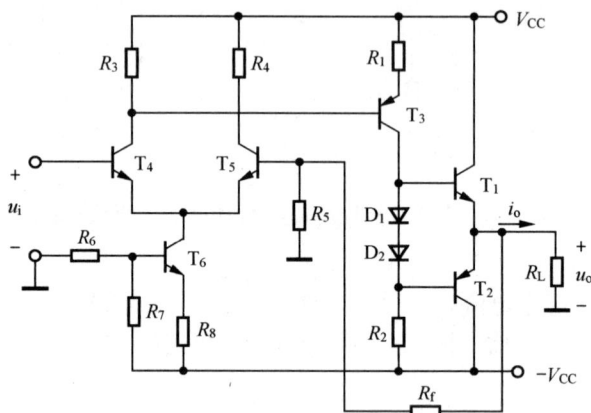

图6.16　题6.12解图

（4）计算 R_f。

在深度负反馈条件下，电压串联负反馈的电压增益为

$$A_{uf} \approx \frac{1}{B_u}$$

$$B_u = \frac{R_5}{R_5 + R_f}$$

题目要求 $A_{uf} = 10$，代入可得

$$R_f = 9\text{k}\Omega$$

（5）求输入电压的有效值。

忽略饱和压降 U_{CES}，则

$$P_{omax} = \frac{V_{CC}^2}{2R_L} = \frac{72}{R_L}$$

由于 $A_{uf} = 10$，输入电压的有效值为

$$U_i = \frac{U_{om}}{10}$$

而 $U_{om} = \frac{V_{CC}}{\sqrt{2}} = \frac{12}{\sqrt{2}}\text{V}$，可得输入电压有效值为

$$U_i = \frac{U_{om}}{10} = \frac{12}{10\sqrt{2}}\text{V}$$

习题6.13　μA747是一种通用型双电源供电的双运放，该运放的内部电路结构示意图如图6.17所示。

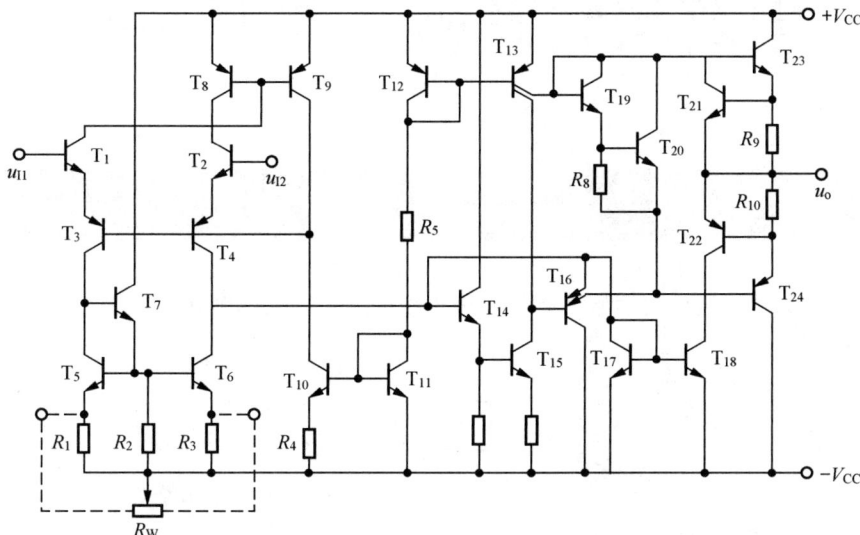

图6.17　题6.13图

（1）μA747的输入级由哪些三极管组成？组成了何种组合放大电路？

（2）T_{10}与T_{11}组成了何种电流源？已知T_{12}与T_{13}参数对称，且β与U_{BE}均相同，请给出流过R_5的电流I_{R5}以及T_{13}集电极输出电流I_{C13}的表达式。

（3）μA747的输出级由哪些三极管组成？组成了何种输出级功率放大电路？其中晶体管T_{21}、T_{22}的作用为何？

知识点复习及分析

这是一道模拟集成运放电路内部结构的分析题。由于集成电路的设计、参数的选择是较为复杂的工作，因此在模拟电子技术基础课程中，对于集成电路内部结构的分析通常都是在定性分析的层面上。如果需要定量分析，还需要进一步的深入学习。集成电路分析中涉及的知识点主要有恒流源、差放电路、功放电路。

解答

（1）μA747的输入级由T_1、T_2、T_3、T_4共同构成共集-共基差分放大电路，为双端输入，单端输出。

（2）T_{10}与T_{11}组成微电流源，T_{12}与T_{13}组成镜像电流源。

分析图6.17可知，流过R_5的电流$I_{R5} = \dfrac{2V_{CC} - U_{BE11} - U_{BE13}}{R_5}$。

由于$I_{R5} = I_{C12}\left(1 + \dfrac{2}{\beta}\right)$，则$T_{13}$集电极输出电流为$I_{C13} = I_{C12} = I_{R5} / \left(1 + \dfrac{2}{\beta}\right)$。

（3）μA747的输出级由T_{23}和T_{24}组成互补功率输出级。三极管T_{21}、T_{22}组成了过载保护电路。正常工作时，T_{21}、T_{22}处于截止状态，保护电路不起作用。一旦输出电流过载或输出短路，R_9、R_{10}上压降增加，则T_{21}、T_{22}导通。由于T_{21}、T_{22}导通后分流了T_{23}、T_{24}的基极电流，从而限制了T_{23}、T_{24}集电极电流的增加，以免损坏T_{23}、T_{24}，实现过载自动保护。

第7章 基于运放的信号运算与处理电路习题解析及参考答案

7.1 思维导图

主教材中第7章基于运放的信号运算与处理电路相关知识的思维导图如图7.1所示。

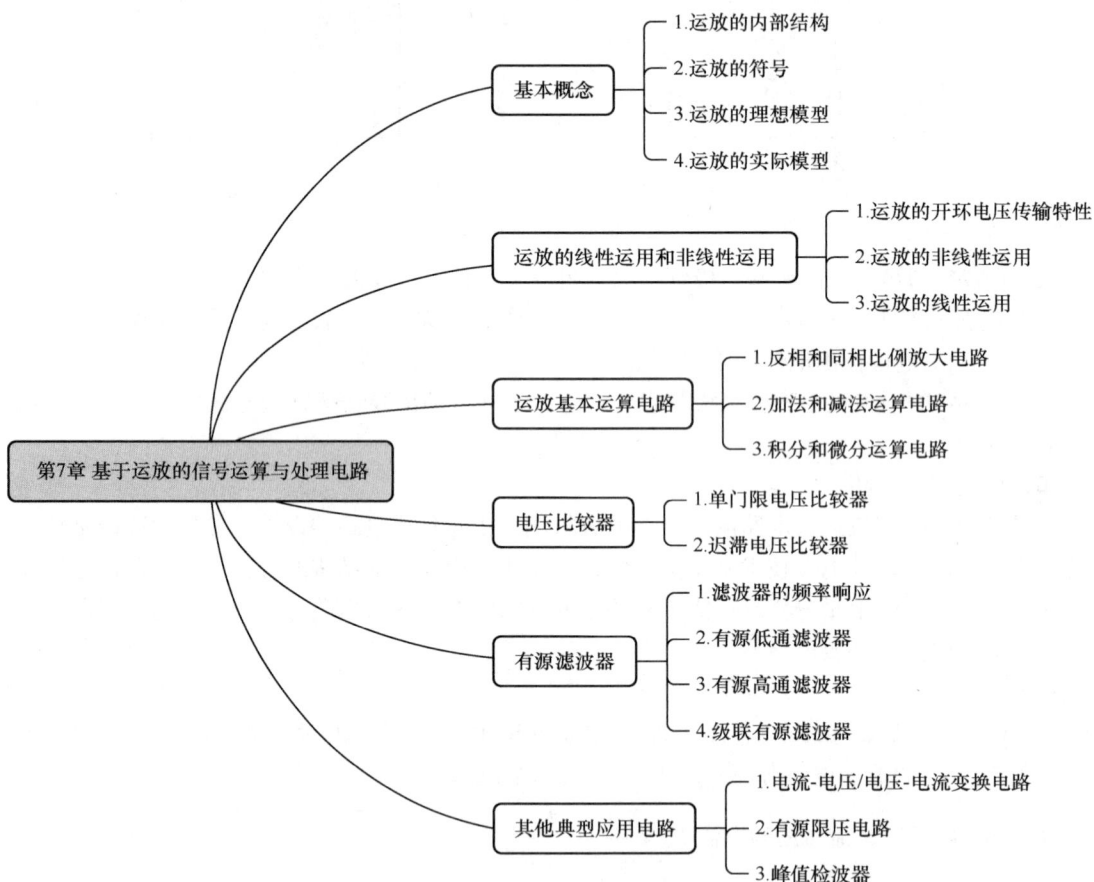

基本概念
- 1.运放的内部结构
- 2.运放的符号
- 3.运放的理想模型
- 4.运放的实际模型

运放的线性运用和非线性运用
- 1.运放的开环电压传输特性
- 2.运放的非线性运用
- 3.运放的线性运用

第7章 基于运放的信号运算与处理电路

运放基本运算电路
- 1.反相和同相比例放大电路
- 2.加法和减法运算电路
- 3.积分和微分运算电路

电压比较器
- 1.单门限电压比较器
- 2.迟滞电压比较器

有源滤波器
- 1.滤波器的频率响应
- 2.有源低通滤波器
- 3.有源高通滤波器
- 4.级联有源滤波器

其他典型应用电路
- 1.电流-电压/电压-电流变换电路
- 2.有源限压电路
- 3.峰值检波器

图 7.1 主教材中第 7 章的思维导图

7.2 习题解析及参考答案

习题7.1 在图7.2所示电路中，假设流过电阻R_1、R_2、R_3和R_4的电流为i_1、i_2、i_3和i_4，利用

"虚地""虚断"概念，计算电路的电压放大倍数 $A_{uf} = \dfrac{u_o}{u_i}$。

知识点复习及分析

图7.2所示电路并不是典型的反相比例运放电路，但是其分析方法与主教材中典型运放电路的分析方法相同。

在运放电路的分析过程中，首先判断电路中的运放是工作在线性状态还是非线性状态，其方法是判断电路中是否有负反馈。如果仅有负反馈，则运放工作在线性状态；否则工作在非线性状态。

运放在线性工作状态时，具有"虚短""虚断"和"虚地"特征；运放在非线性工作状态时，具有"虚断"和"输出饱和"特征。

不论运放工作在线性还是非线性状态，理想运放均具有输入电阻无穷大、输出电阻为0的特征。

判断完是否有负反馈后，可利用运放特征及电路中各回路的电压关系、节点电流关系列写相关方程，得到需要的结果。

解答

图7.2所示电路为电压并联负反馈，运放工作在线性状态。根据理想运放线性状态的"虚短""虚断"特征，可知 $u_- = u_+ = 0$，且 $i_1 = i_2$。i_1、i_2 参考方向如图7.3所示。

根据基尔霍夫电流定律，有

$$i_2 = i_3 + i_4$$

其中

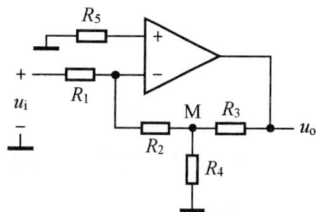

图 7.2　题 7.1 图

【习题 7.1】基于运放的信号运算和处理电路

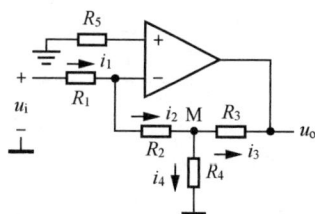

图 7.3　电流参考方向

$$i_1 = \frac{u_i - u_-}{R_1} = \frac{u_i}{R_1}$$

$$i_2 = \frac{u_- - u_M}{R_2} = -\frac{u_M}{R_2}$$

$$i_3 = \frac{u_M - u_o}{R_3}$$

$$i_4 = \frac{u_M}{R_4}$$

将电流计算表达式代入基尔霍夫电流方程 $i_1 = i_2$ 和 $i_2 = i_3 + i_4$ 中，有

$$\frac{u_i}{R_1} = -\frac{u_M}{R_2}$$

$$-\frac{u_M}{R_2} = \frac{u_M - u_o}{R_3} + \frac{u_M}{R_4}$$

解得

$$u_o = R_3\left(\frac{1}{R_2} + \frac{1}{R_3} + \frac{1}{R_4}\right)u_M = -\frac{R_2 R_3}{R_1}\left(\frac{1}{R_2} + \frac{1}{R_3} + \frac{1}{R_4}\right)u_i$$

故闭环电压增益为

$$A_{uf} = \frac{u_o}{u_i} = -\frac{R_2 R_3}{R_1} \left(\frac{1}{R_2} + \frac{1}{R_3} + \frac{1}{R_4} \right)$$

习题7.2 如图7.4（a）所示，第一级运放的输入信号为 V_{i1} 和 V_{i2}，第二级运放的输入信号为 V_{i3}。假设第二级运放输出电压的范围为 $-12 \sim +12\text{V}$，电阻值分别为 $R_1 = 10\text{k}\Omega$，$R_2 = 5\text{k}\Omega$，$R_f = 10\text{k}\Omega$，$R_4 = 3.3\text{k}\Omega$。

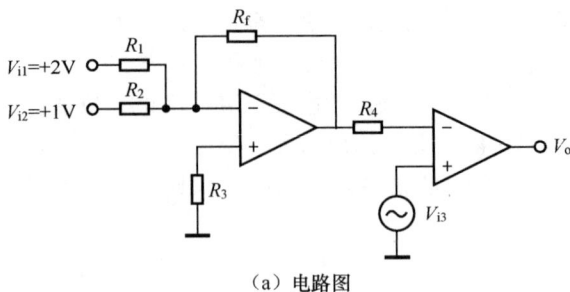

（a）电路图

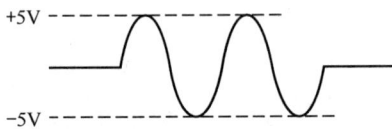

（b）输入波形1

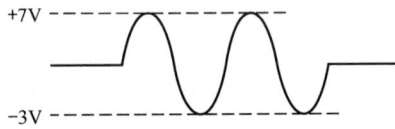

（c）输入波形2

图 7.4　题 7.2 图

（1）试求出第一级运放电路的输出电压 V_{o1}。

（2）当输入信号 V_{i3} 如图7.4（b）所示时，请画出输出电压 V_o。

（3）当输入信号 V_{i3} 变为图7.4（c）所示时，请画出输出电压 V_o。

知识点复习及分析

图7.4（a）是两个功能电路的级联，第一级是典型的反相加法电路，第二级是单门限电压比较器电路，均为运放的应用电路。

（1）第一级运放电路的输出电压 $V_{o1} = -\left(\dfrac{R_f}{R_1} V_{i1} + \dfrac{R_f}{R_2} V_{i2} \right) = -4\text{V}$。

（2）当输入信号 V_{i3} 如图7.4（b）所示时，$V_{o1} = -4\text{V}$。当 $V_{i3} > -4\text{V}$ 时，输出正向饱和；反之负向饱和。其输出分别为第二级运放的最大输出电压 $+12\text{V}$ 和最小输出电压 -12V。

解答

（1）第一级运放的输出电压为

$$V_{o1} = -\left(\frac{R_f}{R_1} V_{i1} + \frac{R_f}{R_2} V_{i2} \right) = -4\text{V}$$

（2）输入信号 V_{i3} 为 $-5 \sim +5\text{V}$ 时，输出电压 V_o 的波形如图7.5所示。

（3）输入信号 V_{i3} 为 $-3 \sim +7\text{V}$ 时，输出电压 V_o 的波形如图7.6所示。

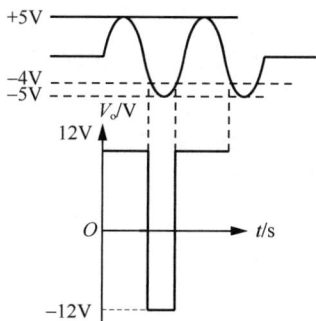

图7.5 输出波形1

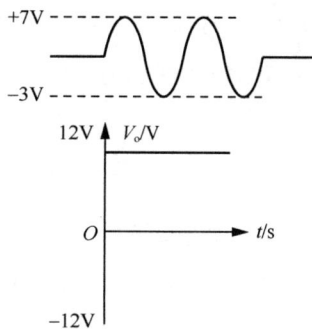

图7.6 输出波形2

习题7.3 运放电路如图7.7（a）所示，输出电压特性曲线如图7.7（b）所示。

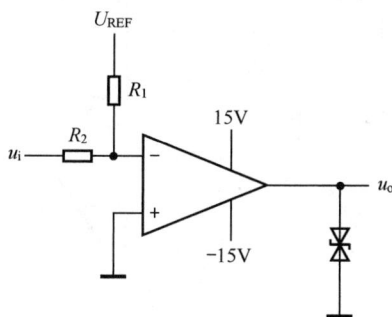

（a）电路图

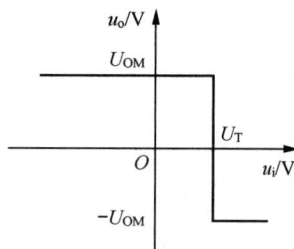

（b）输出电压特性曲线

图7.7 题7.3图

（1）如何改变输出电压u_o的幅值？

（2）如何改变阈值电压U_T的大小？如何改变它的极性？

知识点复习及分析

图7.7（a）是两个功能电路的级联，第一级是电压比较器；第二级是稳压电路，输出就是稳压管的稳压值。需要说明的是，理想运放是不存在的，实际运放的输出电阻是存在的，只是数值比较小，故其输出电阻就是稳压电路的限流电阻，如果输出电阻不满足稳压要求，还需在输出端串联一个限流电阻。

电路中电压比较器$U_+ = 0$，$U_- = \dfrac{R_2}{R_1 + R_2} U_{REF} + \dfrac{R_1}{R_1 + R_2} u_i$。

当$U_+ > U_-$时，即$u_i < -\dfrac{R_1}{R_2} U_{REF}$时，运放A输出正向饱和，反之负向饱和。由$U_T = -\dfrac{R_1}{R_2} U_{REF}$可知，调整$U_{REF}$、$R_1$和$R_2$，均可改变阈值电压$U_T$的大小。在不改变电路结构的情况下，只有改变$U_{REF}$的极性才能改变$U_T$的极性。

解答

（1）选择满足需要的稳压二极管。

（2）电压比较器$U_+ = 0$，$U_- = \dfrac{R_2}{R_1 + R_2} U_{REF} + \dfrac{R_1}{R_1 + R_2} u_i$，阈值$U_T = -\dfrac{R_1}{R_2} U_{REF}$。

调整U_{REF}、R_1和R_2，可以改变阈值电压U_T的大小；在不改变电路结构的情况下，改变U_{REF}

的极性才能改变U_T的极性。

习题7.4 图7.8（a）所示为一个两级级联的运放电路，其中$R_1 = R_2 = 10\text{k}\Omega$，$C = 0.01\mu\text{F}$。

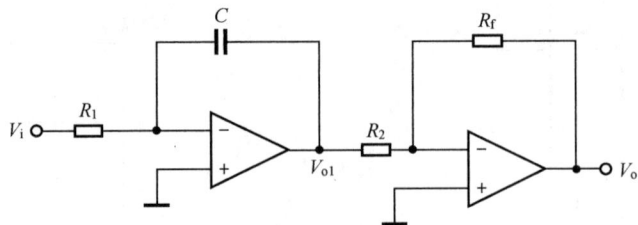

（a）电路图

（b）输入信号波形

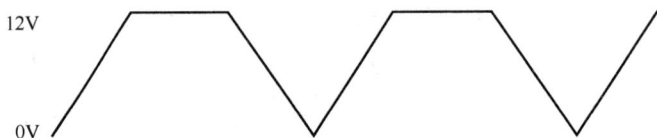

（c）输出信号波形

图7.8 题7.4图

（1）假设输入信号V_i如图7.8（b）所示，请画出第一级运放电路的输出信号V_{o1}。

（2）如果$R_f = 20\text{k}\Omega$，请画出第二级运放电路的输出信号V_o。

（3）给定电路中的稳压二极管的稳压值$V_z = 12\text{V}$，请问如何改进电路，使电路输出信号V_o如图7.8（c）所示?

知识点复习及分析

图7.8（a）是两个功能电路的级联，第一级是积分电路，第二级是反相比例运算电路。需要注意的是，积分电路的输出范围在理想运放运正向饱和值与反向饱和值之间。正向积分输出达到饱和时，继续正向积分，输出为正向饱和值；反之亦然。

改变电路使输出信号波形为图7.4（c）的方法有很多，但是题目给出要在电路中增加稳压管，且稳压值$V_z = 12\text{V}$，这就只能采用稳压限幅的方法了，即在图7.8（a）所示电路的输出端增加一个稳压电路，稳压输出为12V即可。

解答

（1）第一级运放电路的输出信号表达式为

$$V_{o1}(t) = -\frac{1}{RC}\int_0^t u_i(t)\mathrm{d}t + u_i(0) = -10^4 \times u_i t + u_i(0)$$

假设$u_i(0) = -5\text{V}$，则输出信号$V_{o1}(t)$的波形如图7.9（a）所示。

（2）第二级运放电路是反相比例运放，其输出V_o为

$$V_o(t) = -\frac{R_f}{R_2}V_{o1}(t) = -2V_{o1}(t)$$

输出信号 $V_o(t)$ 的波形如图7.9（b）所示。

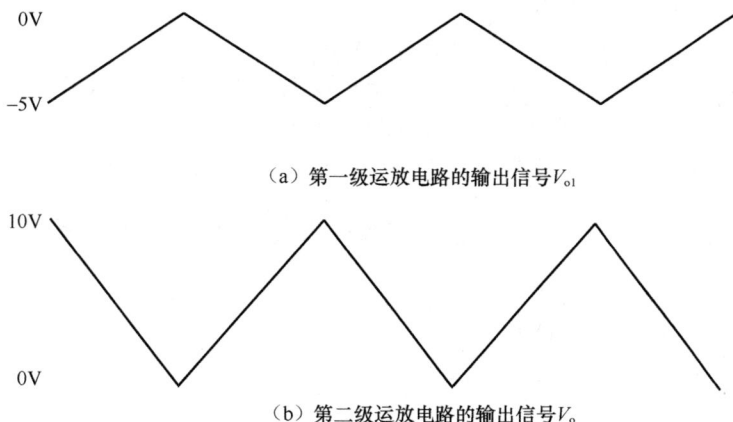

（a）第一级运放电路的输出信号 V_{o1}

（b）第二级运放电路的输出信号 V_o

图7.9　题7.4解图

（3）调整 $R_f = 40\text{k}\Omega$，第二级输出 $V_o(t) = -\dfrac{R_f}{R_2}V_{o1}(t) = -4V_{o1}(t)$。在电路输出端增加一级稳压电路，使用的稳压管的稳压值为 $V_z = 12\text{V}$，此时输出如图7.8（c）所示。

习题7.5　给定一些运放和其他必要的元件，要求设计一个电路，使电路输出与输入关系满足 $u_o(t) = -u_i(t) - \int u_i(t)\mathrm{d}t$。

知识点复习及分析

这是一个运放电路的设计题目，要求设计的电路满足

$$u_o(t) = -u_i(t) - \int u_i(t)\mathrm{d}t$$

显然设计的电路中只有一个输入，需要进行两次运算，一是积分运算电路，比例系数为 -1，输出为 $u_{o1}(t) = -\int u_i(t)\mathrm{d}t$；二是减法运算电路，满足 $u_o(t) = u_{o1}(t) - u_i(t)$。

解答

按输出和输入关系可知，第一级电路中可设计一个积分器，输出为

$$u_{o1}(t) = \int -\frac{1}{R_1 C}u_i(t)\mathrm{d}t$$

将积分器的输出 $u_{o1}(t)$ 接入第二级的输入，第二级为减法电路。总的电路图如图7.10所示，取 $R_1 = R_2 = 10\text{k}\Omega$，$C = 1\mu\text{F}$。

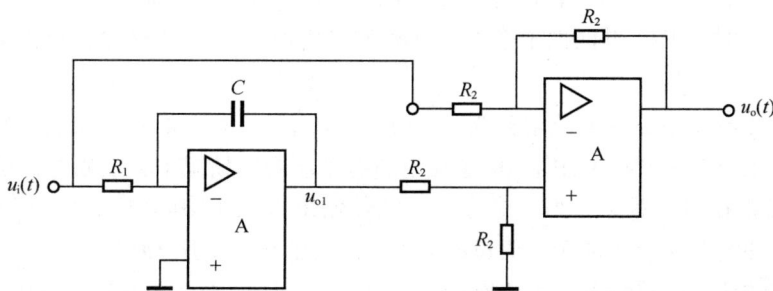

图 7.10　设计结果

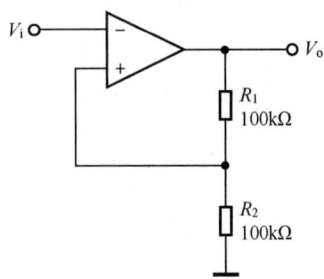

图 7.11　题 7.6 图

习题7.6　试分别求出如图7.11所示的迟滞比较器的正向和负向阈值电压。

知识点复习及分析

这是一道关于运放电路中的迟滞比较器的题目，其方法就是利用运放的特征进行分析。

当输出正向饱和时，饱和压降为U_{omax}，可计算正向阈值$\dfrac{R_2}{R_2+R_1}U_{omax}$；当输出负向饱和时，饱和压降为$U_{omin}$，可计算负向阈值$\dfrac{R_2}{R_2+R_1}U_{omin}$；

解答

正向阈值电压$=\dfrac{R_2}{R_2+R_1}U_{omax}$，$U_{omax}$为正向饱和值；负向阈值电压$=\dfrac{R_2}{R_2+R_1}U_{omin}$，$U_{omin}$为负向饱和值。

习题7.7　限压电路如图7.12所示，其中$U_Z=8V$，$R_1=100\Omega$，$R_2=1k\Omega$。

（1）当输入信号是频率为2kHz、峰值为1V的正弦波时，试画出输出波形。

（2）当输入信号是频率为1kHz、峰值为100mV的正弦波，试画出输出波形。

知识点复习及分析

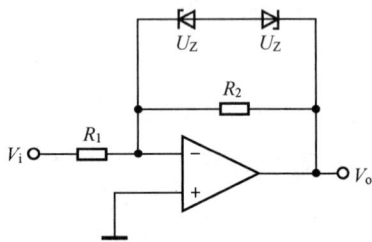

图 7.12　题 7.7 图

图7.12是一个运放电路，电路中的反馈是电压并联负反馈，因此运放有具有"虚短""虚断"和"虚地"特征，反向输入端为虚地，电位为0V。

当电路中不存在稳压管时，电路是一个反相比例运算电路，电压放大倍数为$\dfrac{-R_2}{R_1}=-10$。

当电路存在两个稳压管时，理想化稳压管的导通压降为0V。当输入信号是频率为2kHz、峰值为1V的正弦波时，输出V_o在（-8V，8V）范围内，两个稳压管的支路中没有电流，输出是输入的-10倍；当输出的幅值 > 8V时，稳压管中的一个工作在击穿区，另一个正向导通。如当输出 > 8V时，$V_o=8V$；输出 < -8V时，$V_o=-8V$；输出的余弦波被削顶、削底，输出波形如图7.13（a）所示。

当电路存在两个稳压管时，若输入信号是频率为1kHz、峰值为100mV的正弦波，输出是输入的-10倍，输出最大值为1V，此时两个稳压管一个工作在导通状态，另一个工作在反向截止状态。

解答

（1）由于反相放大电路的电压增益为$-R_2/R_1=-10$，所以当输入的峰值为1V时，如果没有稳压管，输出被限定在±10V范围内。但是在电路有稳压管的情况下，当幅值大于8.7V时，其中一个稳压管将工作在稳压状态，另一个导通，实际输出将大于限幅电压，所以输出将被限定在±8.7V范围内，如图7.13（a）所示。假设电路中稳压管的导通电压为0.7V。

（2）由于反相放大电路的电压增益为$-R_2/R_1=-10$，所以当输入的峰值为100mv时，输出是峰值为1V、频率为1kHz的余弦波，如图7.13（b）所示。

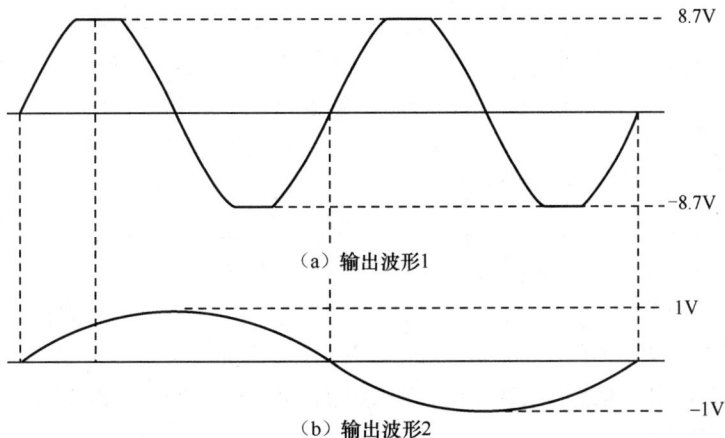

（a）输出波形1

（b）输出波形2

图 7.13　输出波形

习题7.8　在图7.14（a）所示电路中，假设输入信号如图7.14（b）所示，试画出相应的输出信号曲线，并描述此电路实现的功能。

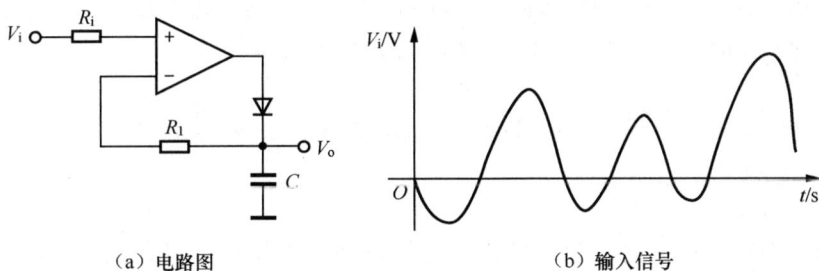

（a）电路图

（b）输入信号

图 7.14　题 7.8 图

知识点复习及分析

图7.14（a）是一个基于运放的应用电路，其分析思路和方法与习题7.1相同，在此不再赘述。

图7.14（a）中，如果二极管导通，电路是一个电压串联负反馈电路，因此运放电路有具有"虚短""虚断"特征。当二极管导通时，$V_o = V_i$。电路工作过程分析如下。

（1）电路未接电源时，电容两端电压为0，反相端 $U_- = 0V$，输出 $V_o = 0V$，此为电路的初始状态。

（2）初始态后，若输入 V_i 大于0，运放输出 V_o 增大，二极管导通形成负反馈。由于运放输出电阻近似为0，二极管导通电阻R非常小，因此通过RC快速充电后，$V_o = V_i$。如果输入不再变化，输出保持不变。

（3）初始态后，若输入 V_i 小于0，输出 V_o 减小，二极管截止，此时运放无反馈，输出保持不变。

经过分析可知，图7.14是输入信号的峰值检波器，输出保持在输入的最大值状态。

解答

经过分析可知，图7.4所示电路实现了峰值检波器的功能，输出信号如图7.15中的虚线所示，注意，看不到虚线的地方与实线重合。

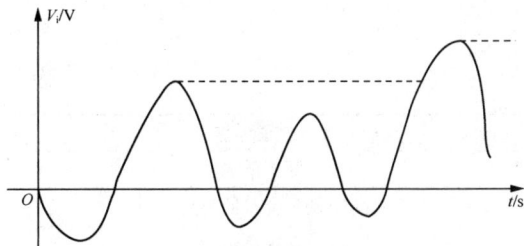

图 7.15　题 7.8 解图

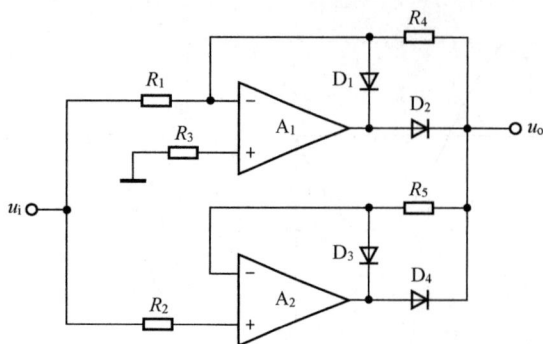

图 7.16 题 7.9 图

习题7.9 在图7.16所示电路中，运放与二极管均是理想的，$R_1 = R_4 = R_5 = R$。请分析电路输出电压 u_o 与输入电压 u_i 的函数关系。

知识点复习及分析

图7.16所示的是一个基于运放的应用电路，其分析方法与习题7.1的分析方法相同，此处不再赘述。

图7.16较为复杂，因此可以对输入信号进行分段分析。

电路中有4个二极管，依照第2章二极管典型电路的分析方法，在判断时可先将所有的二极管断开。

当 $u_i > 0$ 时，A_2输出大于0，D_4导通，D_3截止，A_2输出经过D_4、R_5构成负反馈，输出电压$u_o = u_i$；与此同时，A_1输出小于0，D_1导通，D_2截止。

当 $u_i < 0$ 时，A_1输出大于0，D_2导通，D_1截止，A_1输出经过D_2、R_4构成负反馈，因为 $R_1 = R_4$，输出电压$u_o = -u_i$；与此同时，A_2输出小于0，D_3导通，D_4截止。

分析结果为$u_o = |u_i|$，显然这是一个计算输入绝对值的电路。

解答

经过分析可知：当$u_i > 0$时，D_1、D_4导通，D_2、D_3截止，$u_o = u_i$；当$u_i < 0$时，D_2、D_3导通，D_1、D_4截止，$u_o = -u_i$。

故输出$u_o = |u_i|$。

【习题 7.9】基于运放的信号运算和处理电路

习题7.10 电水壶中的防干烧与防溢出电路可使用根据运放设计的水位检测器实现，如图7.17所示。图中，传感部分是置于水箱中的两个电极H和L，分别对应高、低两个极限水位。当水面高于电极时，电极导通，否则电极断开，电极工作方式如表7.1所示。

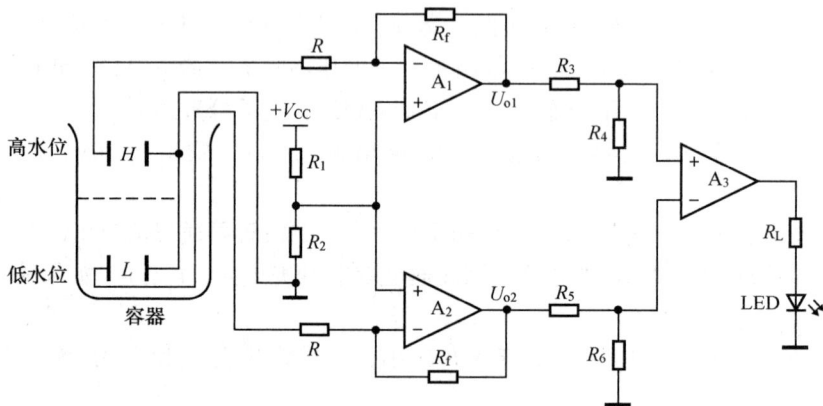

图 7.17 题图 7.10

表 7.1 电极工作方式

水面位置	高水位电极 H	低水位电极 L
低于低水位	断开	断开
高于低水位，低于高水位	断开	导通
高于高水位	导通	导通

（1）若水面高于低水位且低于高水位，运放A_1、A_2的输出电压U_{o1}、U_{o2}与电源电压V_{CC}之间的关系分别为何？

（2）若要求水面低于低水位（干烧）或高于高水位（溢出）时LED发光报警，请分析$\dfrac{R_3}{R_4}$与$\dfrac{R_5}{R_6}$之间的关系。

【习题 7.10】基于运放的信号运算和处理电路

知识点复习及分析

图7.17是一个工程性较强的基于运放的应用电路，分析方法与习题7.1相同，此处不再赘述。但是需要注意的是，本题中的"电极"可以理解为一个模拟开关。当电极与水面接触时，电极的导通电阻R近似为0；当电极未与水面接触时，开关闭合的电阻R趋于无穷大。

当高水位电极H导通时，假设导通电阻近似为0，则运放A_1的输入为$V_{1+}=\dfrac{R_2}{R_1+R_2}V_{CC}$，运放$A_1$与周边电阻构成同相比例运算电路，输出$V_{o1}=\left(1+\dfrac{R_f}{R}\right)V_{1+}$；当高水位电极$H$截止时，假设截止电阻近似为无穷大，则$V_{1+}=\dfrac{R_2}{R_1+R_2}V_{CC}$，$U_{o1}=\left(1+\dfrac{R_f}{R+\infty}\right)V_{1+}=V_{1+}$。

低水位电极L导通、截止时的分析过程与电极H相同，不再重复。

由A_3构成的基本电压比较器电路可知同相输入$V_{3+}=\dfrac{R_4}{R_3+R_4}U_{o1}$，反相输入$V_{3-}=\dfrac{R_6}{R_5+R_6}U_{o2}$。

当容器中水面高度不同时，分析如下。

（1）当水面低于低水位（干烧）时，A_3输入两端为

$$V_{3+}=\frac{R_4}{R_3+R_4}U_{o1}=\frac{R_4}{R_3+R_4}V_{1+}$$

$$V_{3-}=\frac{R_6}{R_5+R_6}U_{o2}=\frac{R_6}{R_5+R_6}V_{1+}$$

此时要求LED亮，需要满足$V_{3+}>V_{3-}$，输出高电平，LED发光告警，则$\dfrac{R_4}{R_3+R_4}V_{1+}>\dfrac{R_6}{R_5+R_6}V_{1+}$，即$\dfrac{R_5}{R_6}>\dfrac{R_3}{R_4}$。

（2）当水面高于低水位且低于高水位时，A_1、A_2的输出电压U_{o1}、U_{o2}分别为

$$U_{o1}=V_{1+}=\frac{R_2}{R_1+R_2}V_{CC}$$

$$U_{o2}=\left(1+\frac{R_f}{R}\right)V_{1+}=\frac{R_2}{R_1+R_2}\left(1+\frac{R_f}{R}\right)V_{CC}$$

（3）当水面高于高水位（溢出）时，A_3输入两端为

$$V_{3+}=\frac{R_4}{R_3+R_4}U_{o1}=\frac{R_4}{R_3+R_4}\left(1+\frac{R_f}{R}\right)V_{1+}$$

$$V_{3-}=\frac{R_6}{R_5+R_6}U_{o2}=\frac{R_6}{R_5+R_6}\left(1+\frac{R_f}{R}\right)V_{1+}$$

此时要求LED亮，即要求满足$V_{3+} > V_{3-}$，输出高电平，LED发光告警，整理得$\dfrac{R_5}{R_6} > \dfrac{R_3}{R_4}$。

解答

（1）当水面高于低水位且低于高水位时，L导通，H断开，此时

$$U_{o1} = \frac{R_2}{R_1 + R_2} V_{CC}$$

$$U_{o2} = \left(1 + \frac{R_f}{R}\right) \frac{R_2}{R_1 + R_2} V_{CC}$$

（2）若要求水面低于低水位（干烧）或高于高水位（溢出）时LED发光报警，此时A$_3$输出应为高电平。

水面低于L时（运放A$_2$的输出电压跟随A$_1$的变化而变化），$U_{o1} = U_{o2} = \dfrac{R_2}{R_1 + R_2} V_{CC}$；

水面高于H时，A$_1$与A$_2$为同相比例放大电路，$U_{o1} = U_{o2} = \left(1 + \dfrac{R_f}{R}\right)\dfrac{R_2}{R_1 + R_2} V_{CC}$。

不论是水面低于L还是高于H，要求LED亮，即要求A$_3$满足$V_{3+} > V_{3-}$，其中

$$V_{3+} = \frac{R_4}{R_3 + R_4} U_{o1}$$

$$V_{3-} = \frac{R_6}{R_5 + R_6} U_{o2}$$

即

$$\frac{R_4}{R_3 + R_4} > \frac{R_6}{R_5 + R_6}$$

故$\dfrac{R_3}{R_4} < \dfrac{R_5}{R_6}$，当水面高于低水位且低于高水位时，$U_{o1} = \dfrac{R_1}{R_1 + R_2} V_{CC}$，$U_{o2} = \left(1 + \dfrac{R_f}{R}\right)\dfrac{R_1}{R_1 + R_2} V_{CC}$，

依题意此时告警灯灭，需满足$V_{3+} < V_{3-}$，即$\dfrac{R_4}{R_3 + R_4} U_{o1} < \dfrac{R_6}{R_5 + R_6} U_{o2}$，整理得$\left(1 + \dfrac{R_3}{R_4}\right)\left(1 + \dfrac{R_f}{R}\right) > 1 + \dfrac{R_5}{R_6}$。

习题7.11 接触电阻是指两导体相互接触处的电阻，是用来衡量元器件接触性能好坏的指标。由于导体表面经常覆盖有氧化层或电化学腐蚀层等，所以当两导体相互接触时，在接触面间会产生一定的接触电阻，影响接触性能。为了研究接触的可靠性，必须测量接触电阻。测量接触电阻的基本方法是恒流源法，基本思想是将恒定电流I_s加到被测电阻R_X上，测量其电压值U_X，再根据欧姆定律$R_X = \dfrac{U_X}{I_s}$求得被测电阻值。在接触电阻的测量过程中，为了减少导线电阻的影响，多采用四线法。一种能够直接读取接触电阻值的等阻差值四线法测量电路的原理图如图7.18所示。该电路能直接从输出U_o得到被测电阻R_X的阻值。假设已知恒流源电流为I_s，且$R_1 = R_2 = R_5 + R_6$，试分析如下问题。

（1）虚线框内为四线法采样电路部分，已知U_A、U_B分别为A、B两点电位，给出待测电阻

R_x 两端电压 U_x 的表达式。

（2）请从运放工作状态出发，分别分析A_1、A_2、A_3完成的功能。

（3）若 $R_7 = R_9$，$R_8 = 9R_7$，$R_{10} = 19R_9$，$R_{11} = R_{12} = R_{13} = R_{14}$，试用输出电压 U_o 和电流源电流 I_s 表示待测电阻 R_x。

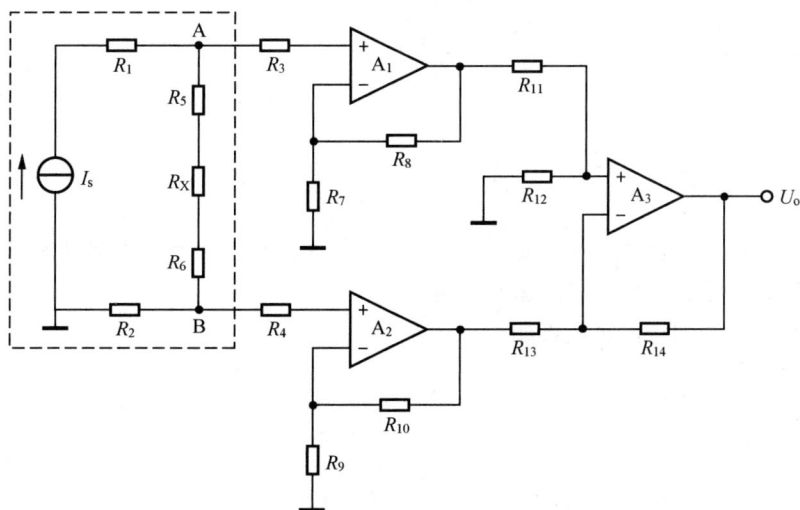

图7.18　题7.11图

知识点复习及分析

图7.18是一个工程性较强的基于运放的应用电路，电路中虚线框内为四线法采样电路。

分析如下。

（1）A_1及其外围电路构成同相比例放大电路，若 $R_8 = 9R_7$，则增益为10。

（2）A_2及其周边电路构成同相比例放大电路，若 $R_{10} = 19R_9$，则增益为20。

（3）A_3构成减法电路，当 $R_{11} = R_{12} = R_{13} = R_{14}$ 时，输出 $U_o = U_{o1} - U_{o2}$，其中 U_{o1} 和 U_{o2} 分别是 A_1 和 A_2 的输出。

$U_o = U_{o1} - U_{o2} = 10U_A - 20U_B = 10(U_A - 2U_B)$。

现在需要进一步分析 $U_A - 2U_B$ 和 R_x 的关系。

根据电路，有

$$\frac{U_A}{R_5 + R_x + R_6 + R_2} = I_s$$

$$\frac{U_B}{R_2} = I_s$$

$$\frac{U_X}{R_x} = I_s$$

已知 $R_1 = R_2 = R_5 + R_6$，故可得

$$U_X = U_A - 2U_B = I_s R_x$$

由此可得 $U_o = 10 I_s R_x$。该结论说明，根据测量电路中的输出电压 U_o 和电流源输出电流 I_s，即可测出被测电阻 $R_x = \dfrac{U_o}{10 I_s}$。

解答

（1）首先分析虚线框内的四线法采样电路部分。由运放A_1和A_2的虚断特性，得到如下方程

$$\begin{cases} \dfrac{U_A}{R_5 + R_X + R_6 + R_2} = I_s \\ \dfrac{U_B}{R_2} = I_s \\ \dfrac{U_X}{R_X} = I_s \end{cases}$$

已知$R_1 = R_2 = R_5 + R_6$，可得

$$U_X = U_A - 2U_B$$

（2）A_1、A_2和A_3 3个运放均存在负反馈，因此均处于线性工作状态，其中A_1和A_2与周边电路构成同相比例运算电路，A_3构成减法运算电路。

（3）A_1和A_2完成的同相比例运算如下。

已知$R_7 = R_9$，$R_8 = 9R_7$，所以$U_{o1} = \left(1 + \dfrac{R_8}{R_7}\right)U_A = 10U_A$；

已知$R_7 = R_9$，$R_{10} = 19R_9$，所以$U_{o2} = \left(1 + \dfrac{R_{10}}{R_9}\right)U_B = 20U_B$。

A_3完成的减法电路运算如下。

已知$R_{11} = R_{12} = R_{13} = R_{14}$，所以

$$U_o = U_{o1} - U_{o2} = 10U_A - 20U_B = 10(U_A - 2U_B) = 10U_X$$

整理得

$$U_X = \frac{U_o}{10}$$

由电路可得

$$\frac{U_X}{R_X} = I_s$$

最终得到

$$R_X = \frac{U_X}{I_s} = \frac{U_o}{10I_s}$$

习题7.12 假设输入为混有一个高频正弦波信号和一个低频正弦波信号的电压信号。请设计一个电路系统，使电路能够将高频信号和低频信号分开，然后分别对高频信号和低频信号进行放大调幅，并最终输出一个高频三角波信号和一个低频三角波信号。要求：

（1）写出设计思路、设计思想。

（2）给出电路设计中每一个元器件的具体参数。

（3）画出具体电路图。

知识点复习及分析

本题是一个设计类题目。根据要求和已经学习的先验知识可知，通过滤波器可从输入信号中得到所需要的不同频率的信号。

输出的高频信号和低频信号分别通过放大电路进行放大，然后通过电压比较电路输出双极性

信号的方波，最后经过积分电路得到所需的两个频率的三角波信号。

题目中用到的知识点有滤波器、放大器、电压比较器和积分电路。这里的放大电路并没有约束，可以是基于集成运放的放大电路，也可以是由分立元器件组成的基本放大电路等。但实际设计过程中，首选基于集成运放的放大电路。

解答

这是一个电路设计题目。根据题目要求，先分别用高通滤波器和低通滤波器分离高频信号和低频信号；然后将分离的信号传入不同的放大电路，放大电路的输出信号经过电压比较器后输出矩形波；最后将矩形波送入积分电路，输出两路三角波信号。设计的系统框图如图7.19所示。

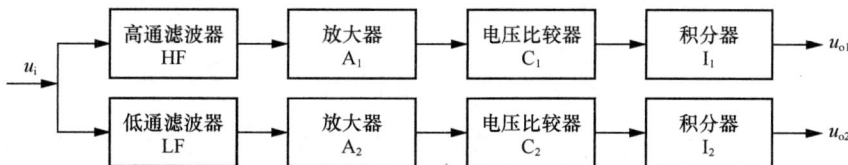

图 7.19　题 7.12 解图

图7.19中的高通滤波器、低通滤波器、放大器、电压比较器、积分器均可采用主教材中的参考电路，并通过调整相关参数达到实际要求，具体的参数值调整过程此处省略。

习题7.13　运放电路如图7.20所示。

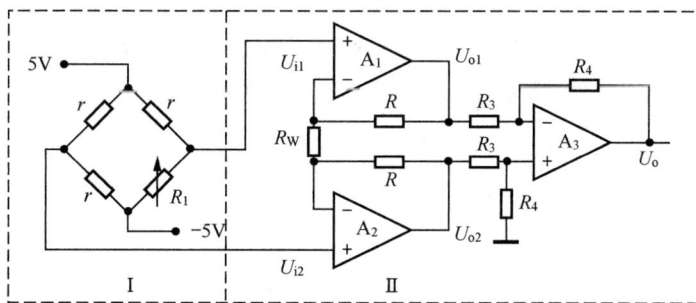

图 7.20　题 7.13 图

（1）试求电路的总电压增益 $\dfrac{U_o}{(U_{i1}-U_{i2})}$。

（2）假设运放A_1、A_2、A_3的电源电压为 $U_{CC}=\pm15V$，且最大线性输出电压范围为 $\pm(U_{CC}-1.5)$ V。试求在输出电压不失真的前提下，最大允许的输入电压值范围 $(U_{i1}-U_{i2})$。

（3）若图中 R_1 是一个随外界物理条件变化而产生微小阻值变化的敏感电阻，由此分析讨论此电路可能的实际应用。

知识点复习及分析

本题是一个较为复杂的、基于运放的功能电路分析题。首先观察电路中是否有在主教材中已经学习过的典型功能电路。显然，A_1 和 A_2 均与周边电路构成同相比例放大电路，具有负反馈，满足"虚短""虚断"特征；A_3 与周边电路构成减法电路，输出 $U_o=-\dfrac{R_4}{R_3}(U_{o1}-U_{o2})$。

根据题目内容，初步判断这是一个测量电路，根据输出 U_o 测量电阻 R_1 的阻值，因此题目的关键是推导 U_o 与 R_1 的关系表达式。

为了便于分析，分别计算 A_1 的同相输入和 A_2 的同相输入，即

$$U_{i1} = \frac{R_1}{r + R_1}[5 - (-5)] - 5 = \frac{10R_1}{r + R_1} - 5$$

$$U_{i2} = \frac{r}{r + r}[5 - (-5)] - 5 = 0$$

由于运放A_1和A_2具有"虚短""虚断"特征，有

$$\frac{(U_{i1} - U_{i2})}{R_W} = \frac{(U_{o1} - U_{o2})}{R_W + 2R}$$

根据A_3构成的减法电路$U_o = -\frac{R_4}{R_3}(U_{o1} - U_{o2})$，可以得到

$$\frac{U_o}{(U_{i1} - U_{i2})} = -\frac{R_4}{R_3}\left(1 + \frac{2R}{R_W}\right)$$

最终可以得到U_o与R_1的关系表达式。在电路的实际应用中，根据输出U_o的值即可计算出电阻R_1的值。由此可以判断这是一个电阻测量电路。

解答

（1）把运放电路分为前后两级分析，A_3为减法器，可以得到

$$U_o = -\frac{R_4}{R_3}(U_{o1} - U_{o2})$$

A_1和A_2分别组成同相比例放大电路，利用R_W上的电流关系以及运放同向反相端之间电位近似相同（"虚短"）的特征，U_{i1}和U_{i2}分别等于R_W上下端的电位，有

$$\frac{(U_{i1} - U_{i2})}{R_W} = \frac{(U_{o1} - U_{o2})}{R_W + 2R}$$

即

$$\frac{U_{o1} - U_{o2}}{U_{i1} - U_{i2}} = 1 + \frac{2R}{R_W}$$

则

$$\frac{U_o}{(U_{i1} - U_{i2})} = -\frac{R_4}{R_3}\left(1 + \frac{2R}{R_W}\right)$$

（2）由于U_o的上下限为$\pm(U_{CC} - 1.5)$ V，因此电压输出即$(U_{i1} - U_{i2})$的最大范围，为

$$|U_{i1} - U_{i2}| \leqslant \frac{R_3}{R_4}\frac{(U_{CC} - 1.5)}{1 + \frac{2R}{R_W}}$$

（3）图7.20所示电路中第Ⅰ部分为电桥，第Ⅱ部分为测量放大电路，根据电路图可得

$$U_{i1} = \frac{R_1}{r + R_1}[5 - (-5)] - 5 = \frac{10R_1}{r + R_1} - 5$$

$$U_{i2} = \frac{r}{r + r}[5 - (-5)] - 5 = 0$$

将其代入$\dfrac{U_o}{(U_{i1} - U_{i2})} = -\dfrac{R_4}{R_3}\left(1 + \dfrac{2R}{R_W}\right)$中，可以整理出$U_o$与$R_1$的表达式。如果电路中的其他参数均已知，只有$R_1$是一个随外界物理条件变化而产生微小阻值变化的敏感电阻，如压敏电阻、温敏电阻等，可以使用该电路可以测量其电阻值。

第8章 波形发生电路习题解析及参考答案

8.1 思维导图

主教材中第8章波形发生电路相关知识的思维导图如图8.1所示。

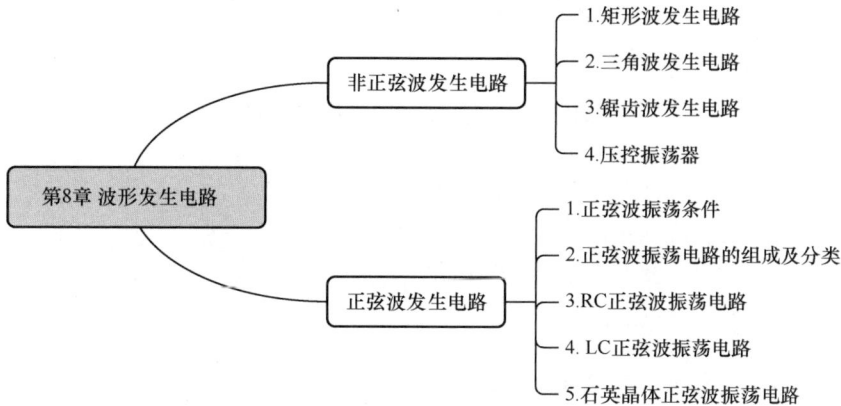

图 8.1 主教材中第 8 章的思维导图

8.2 习题解析及参考答案

习题8.1 图8.2所示电路为方波-三角波发生电路，试求出其振荡频率，并画出 u_{o1}、u_{o2} 的波形。

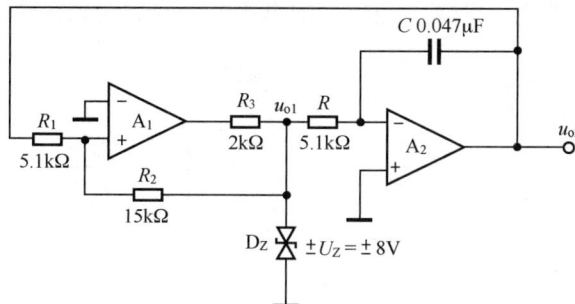

图 8.2 题 8.1 图

【习题 8.1】波形发生电路

知识点复习及分析

图8.2所示电路共有两部分，左边的第一部分是一个迟滞电压比较器，输出为 u_{o1}；第二部分

是积分电路，输出为u_{o2}。

电路工作原理分析：当u_{o2}很小时，输出u_{o1}反向饱和，即$u_{o1}=-8$V；此时A_2积分电路正向积分，输出u_{o2}逐渐增大；当增大到阈值U_{T1}时继续增大，迟滞电压比较器输出u_{o1}正向饱和，$u_{o1}=8$V；此时A_2积分电路反向积分，输出u_{o2}逐渐减小；当减小到阈值$-U_{T2}$时继续减小，输出u_{o1}反向饱和，即$u_{o1}=-8$V；此时A_2积分电路又开始正向积分，周而复始。

利用叠加定理，可得迟滞电压比较器的同相输入为

$$u_{P1}=\frac{R_1}{R_1+R_2}\cdot u_{o1}+\frac{R_2}{R_1+R_2}\cdot u_{o2}$$

令$u_{P1}=u_{N1}=0$，则有

$$u_{o1}=+U_Z\Rightarrow u_{o2}=-\frac{R_1}{R_2}\cdot U_Z=-U_T=-U_{T2}$$

$$u_{o1}=-U_Z\Rightarrow u_{o2}=+\frac{R_1}{R_2}\cdot U_Z=+U_T=U_{T1}$$

已知

$$u_{o2}(t_2)=-\frac{1}{R_3C}\cdot\int_{t_1}^{t_2}u_{o1}(t)\mathrm{d}t+u_o(t_1)$$

$$u_{o2}(t_1)=-\frac{R_1}{R_2}U_Z$$

$$u_{o2}(t_2)=\frac{R_1}{R_2}U_Z$$

解得

$$\frac{T}{2}=t_2-t_1=\frac{2R_1RC}{R_2}$$

$$T=\frac{4R_1RC}{R_2}$$

输出信号频率为

$$f=\frac{1}{T}=\frac{R_2}{4R_1RC}$$

解答

经分析，这是一个方波-三角波发生电路，输出波形如图8.3所示，其频率为

$$f=\frac{R_2}{4R_1RC}=3067.6\mathrm{Hz}$$

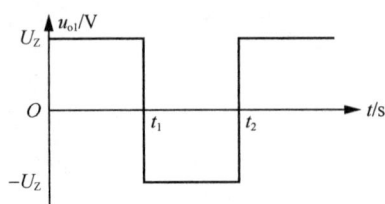

（a）u_{o1}的波形

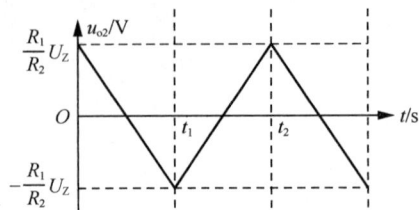

（b）u_{o2}的波形

图8.3　输出波形

习题8.2　电路如图8.4所示。

（1）电路由哪几部分组成，各具有什么作用？

（2）画出 u_{o1}、u_{o2} 和 u_o 的波形。

（3）导出电路振荡周期 T 的表达式。

【习题8.2】波形发生电路

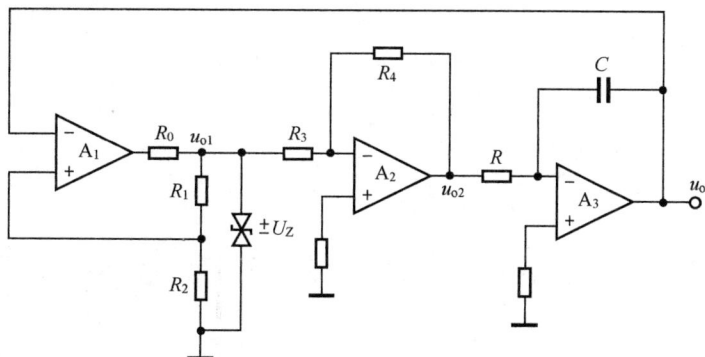

图 8.4　题 8.2 图

知识点复习及分析

图8.4所示电路共有3部分，第1部分是一个迟滞电压比较器，输出为 u_{o1}；第2部分是反相比例运算电路，输出为 u_{o2}；第3部分是积分电路，输出为 u_o。

解答

（1）图8.4中的电路可以分解为3部分：一是由运放 A_1 及其外围电路构成迟滞电压比较器，二是由运放 A_2 及其外围电路构成的反相比例运算电路，三是由运放 A_3 及其外围电路构成的反相积分器。

（2）u_{o1}、u_{o2} 和 u_o 的波形如图8.5所示。

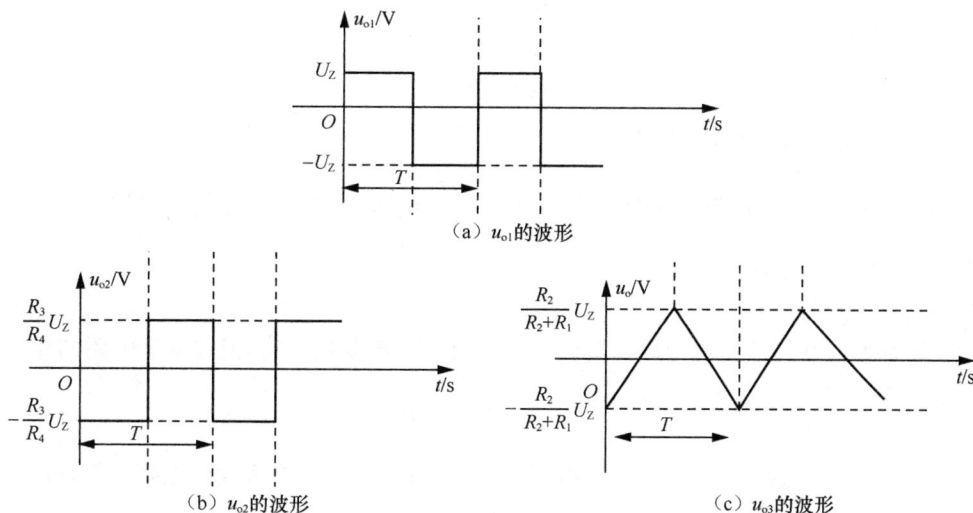

（a）u_{o1} 的波形

（b）u_{o2} 的波形

（c）u_{o3} 的波形

图 8.5　题 8.2 解图

（3）已知

$$u_o(t) = -\frac{1}{RC}\int_0^t u_{o2}(t)\mathrm{d}t + u_o(0)$$

其中

$$u_{o2}(t) = -\frac{R_4}{R_3}U_z$$

$$u_o(0) = -\left(\frac{R_2}{R_1 + R_2}\right)U_z$$

$$u_o\left(\frac{T}{2}\right) = \left(\frac{R_2}{R_1 + R_2}\right)U_z$$

将 $u_{o2}(t)$、$u_o(0)$、$u_o\left(\frac{T}{2}\right)$ 代入上式，有

$$\left(\frac{R_2}{R_1 + R_2}\right)U_z = -\frac{1}{RC}\int_0^{\frac{T}{2}}\left(-\frac{R_4}{R_3}U_z\right)\mathrm{d}t - \left(\frac{R_2}{R_1 + R_2}\right)U_z$$

解得

$$T = 4RC\frac{R_3}{R_4}\left(\frac{R_2}{R_1 + R_2}\right)$$

习题8.3 波形发生电路如图8.6所示。

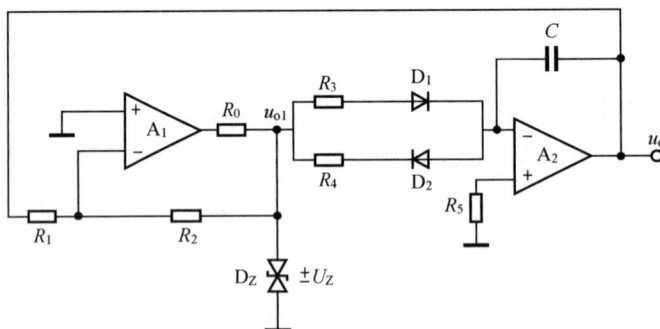

图 8.6 题 8.3 图

（1）说明电路的组成部分及其作用。

（2）若二极管导通电阻忽略不计，$\frac{R_1}{R_2} = 0.6$，$\frac{R_3}{R_4} = 5$，定性画出 u_{o1}、u_o 的波形。

（3）导出电路振荡周期 T 的表达式。

知识点复习及分析

图8.6是典型的锯齿波发生电路，具体工作原理详见教材图8-7锯齿波发生电路的介绍，在此不再赘述。

解答

（1）A_1 及其外围电路组成迟滞电压比较器，A_2 及其外围电路组成积分电路。经分析，这是一个典型的锯齿波发生电路。

（2）u_{o1}、u_o 的波形如图8.7所示。

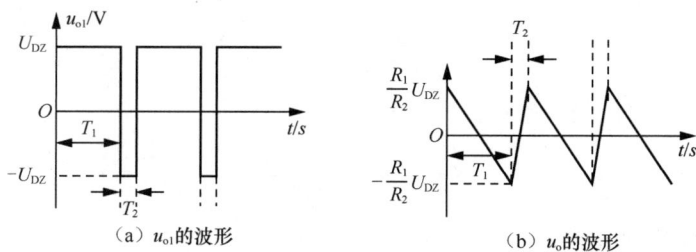

（a）u_{o1}的波形 （b）u_o的波形

图 8.7 题 8.3 解图

（3）经过分析得

$$T_1 = 2\frac{R_1}{R_2}R_3C$$

$$T_2 = 2\frac{R_1}{R_2}R_4C$$

$$T_1 : T_2 = \frac{R_3}{R_4} = 5$$

故

$$T = T_1 + T_2 = 2\frac{R_1}{R_2}(R_3 + R_4)C$$

习题8.4 判断图8.8所示电路的功能，画出u_o的波形。设电路参数 $R_1 = 10\text{k}\Omega$， $R_2 = 5\text{k}\Omega$， $R_3 = R_4 = 1\text{k}\Omega$， $R_5 = R_6 = 50\text{k}\Omega$， $C = 0.01\mu\text{F}$， $U_Z = 12\text{V}$， $u_i = 5\text{V}$。

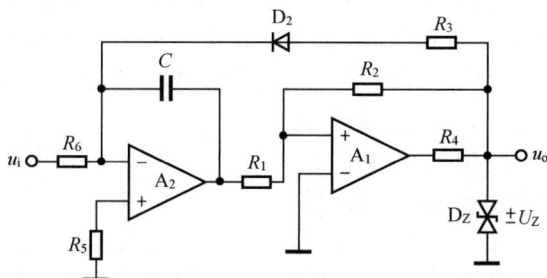

图 8.8 题 8.4 图

知识点复习及分析

典型压控振荡电路的工作原理详见主教材8.1.4小节压控振荡器。对比主教材中的图8-10，令$R_6 = 0$得到的电路即图8.8。

解答

经分析，这是一个典型的压控振荡电路，输出为矩形方波电路，周期为

$$T_1 = \frac{2R_1R_3C}{R_2}$$

$$T_2 = t_2 - t_1 = \frac{-2R_1R_6C}{R_2} \cdot \frac{U_Z}{u_i}$$

由于$R_6 \gg R_3$，振荡信号周期为

$$T = T_1 + T_2 \approx \frac{-2R_1R_6C}{R_2} \cdot \frac{U_z}{u_i}$$

压控振荡器输出信号的频率为

$$f = \frac{1}{T} = \frac{-R_2}{2R_1R_6C} \cdot \frac{u_i}{U_z}$$

输出u_o的波形如图8.9所示。

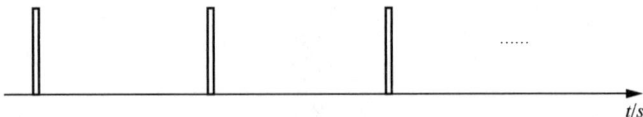

图8.9　u_o的波形

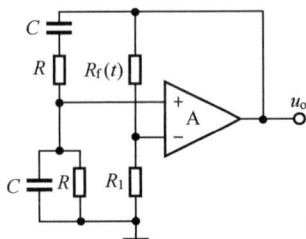

图8.10　题8.5图

习题8.5　RC正弦波振荡电路如图8.10所示，假设电路满足振荡条件，如果想增大输出信号的频率，应如何调节电路中的参数？如果想增大输出信号的峰值，可以采取哪些措施？

知识点复习及分析

图8.10所示的是典型的RC振荡电路，振荡频率为$f_0 = \frac{1}{2\pi RC}$。

解答

假设电路满足振荡条件，则振荡频率为$f_0 = \frac{1}{2\pi RC}$。

如果希望增大振荡频率，可以减小电阻R的阻值或者电容C的电容值。

如果想增大输出信号的峰值，可以增大运放的电源，或者在输出端增加一个同相比例放大电路。如果希望输出电压峰值可调、可控，建议在输出端增加一级线性放大电路。

习题8.6　图8.11所示的是文氏正弦波振荡电路，但电路不振荡。设运放A具有理想特性。

（1）请找出图8.11中的错误，并在图中加以改正；

（2）若要求振荡频率为480Hz，试确定R的阻值（用标称值）。

知识点复习及分析

对比典型的RC振荡电路，发现图8.11所示电路需要修改两处。

（1）RC选频电路输出端应当接到运放A的同相输入端，反馈网络接到运放A的反相输入端。

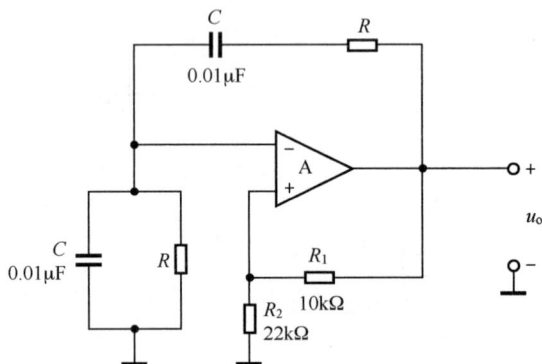

图8.11　题8.6图

（2）交换电阻R_1和R_2的位置，方能使同相比例放大电路的电压增益略大于3。

修改后的RC振荡电路如图8.12所示，振荡频率为$f_0 = \frac{1}{2\pi RC}$。

解答

（1）经过分析，发下两处错误。

错误一：集成运放输入端的正、负极性接反。

错误二：电阻R_1和R_2的位置颠倒。

经过改正的电路如图8.12所示。

（2）振荡频率为$f_0 = \dfrac{1}{2\pi RC}$。当$f_0 = 480$Hz时，R的值为$R = \dfrac{1}{2\pi f_0 C} = 33.174$kΩ，取标称值33kΩ。

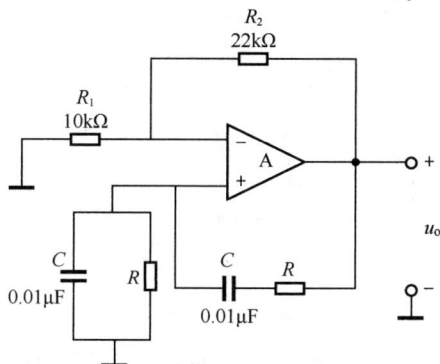

图 8.12　改正后的 RC 振荡电路

习题8.7　RC正弦波振荡电路如图8.13所示。

（1）已知电路能够正常工作，请标出运放的同相端和反相端；

（2）分析振荡频率的调节范围。

（3）已知电路中$R_f(t)$为热敏电阻，画出其阻值随流经其电流有效值$I(t)$的关系示意图。

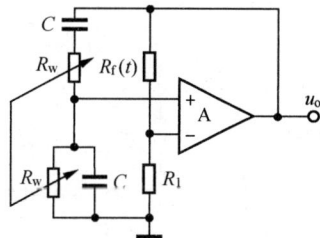

图 8.13　题 8.7 图

知识点复习及分析

图8.13所示的是一个频率可调的RC振荡电路。

解答

（1）为了使电路能够正常工作，运放A的同相端和反相端如图8.14所示。

（2）振荡频率为$f_0 = \dfrac{1}{2\pi R_w C}$

如果可调电阻的范围$R_w \in \left[R_{wmin}, R_{wmax} \right]$，振荡频率的调节范围为

$$f_0 \in \left[\frac{1}{2\pi R_{wmax} C}, \frac{1}{2\pi R_{wmin} C} \right]$$

（3）电路中$R_f(t)$为热敏电阻，其阻值随流经其电流有效值$I(t)$变化的关系示意图如图8.15所示，其特性阻值随着电流的增大而减小。

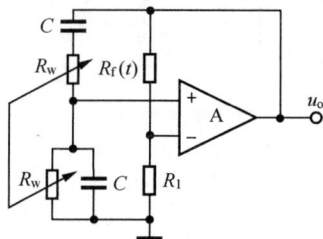

图 8.14　题 8.7 解图（a）运放 A 的同相端和反相端

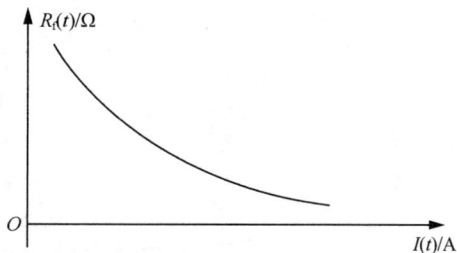

图 8.15　题 8.7 解图（b）（$R_f(t)$ 的阻值变化示意图）

习题8.8 试将图8.16所示电路合理连线，组成RC桥式正弦波振荡电路。

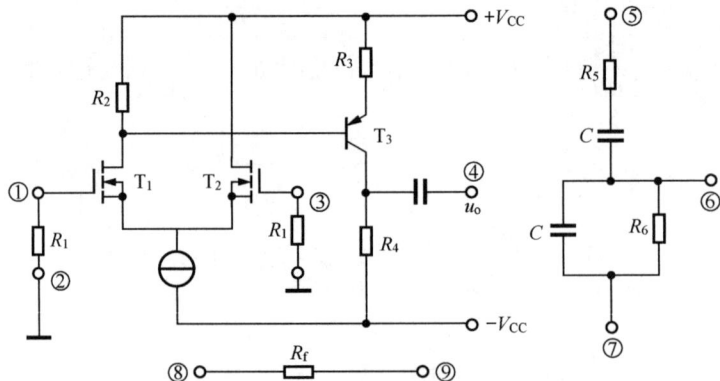

图 8.16　题 8.8 图

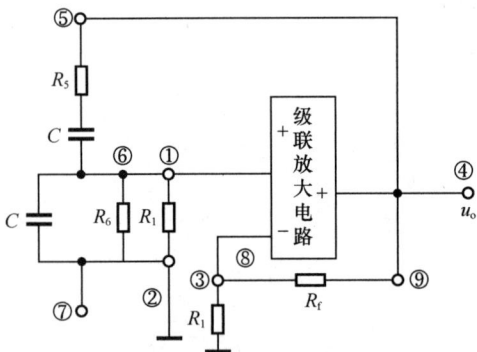

图 8.17　题 8.8 解图（a）（电路连接图）

知识点复习及分析

图8.16看似是一个较为复杂的电路。对于RC振荡电路，其中的同相放大电路可以是基于运放的同相比例运算电路，增益略大于3；也可以是其他形式的同相放大电路，只要增益略大于3即可。图8.16中的差放和CE组态级联放大电路是一个同相放大电路，若增益略大于3，增加选频网络，可构成RC振荡电路。如果把差放、CE组态级联放大电路用方框图描述，RC振荡电路如图8.17所示。

解答

将二级级联放大电路简化为一个放大电路模块，则图8.16所示的RC振荡电路连接如图8.17所示。

在图8.16中的连接方式如图8.18所示。

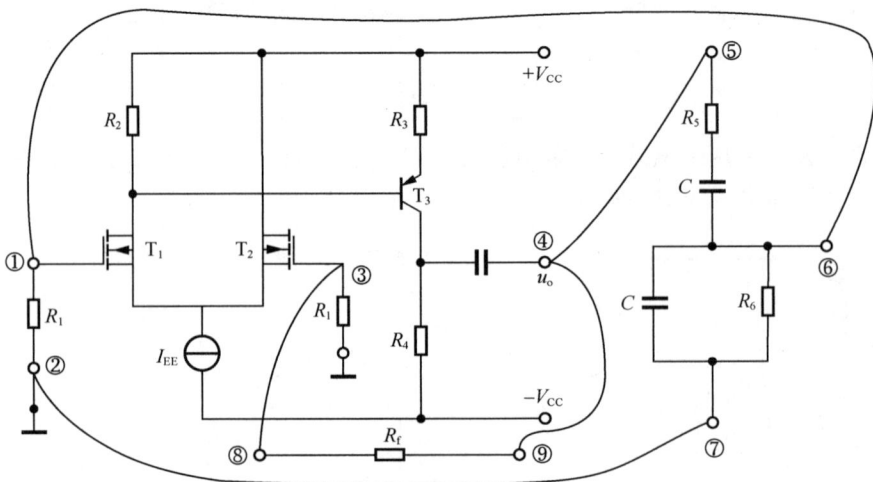

图 8.18　题 8.8 解图（b）（连接方式）

习题8.9 电路如图8.19所示。

（1）为使电路产生正弦波振荡，标出运放的"+"和"−"极性，并说明电路是哪种正弦波振荡电路。

（2）若 R_1 短路，电路将产生什么现象？

（3）若 R_1 断路，电路将产生什么现象？

（4）若 R_f 短路，电路将产生什么现象？

（5）若 R_f 断路，电路将产生什么现象？

知识点复习及分析

图8.19所示的是一个RC振荡电路。

解答

（1）运放的"+"和"−"极性如图8.20所示，开环增益 $A=1+\dfrac{R_f}{R_1}\geq 3$，正反馈系数

$$B=\cfrac{1}{3+j\left(\cfrac{\omega}{\omega_0}-\cfrac{\omega_0}{\omega}\right)}。$$

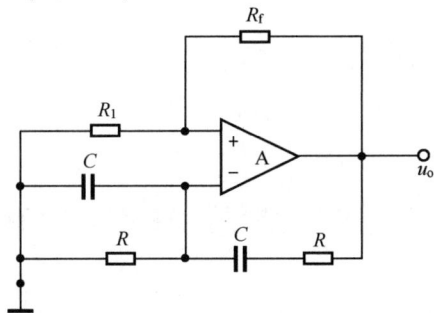 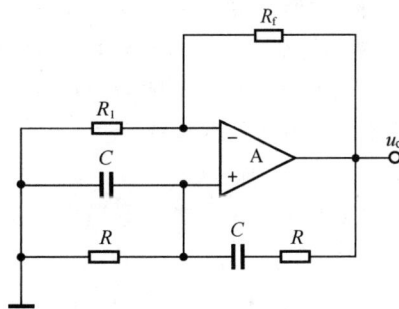

图 8.19 题 8.9 图　　　　　　　　　　图 8.20 题 8.9 解图（运动的"十""一"极性）

（2）$R_1=0$时，$A=\infty$，振荡电路容易起振，但波形失真大。

（3）$R_1=\infty$时，$A=1$，不满足幅度平衡条件，电路不能振荡。

（4）$R_f=0$时，$A=1$，不满足幅度平衡条件，电路不能振荡。

（5）$R_f=\infty$时，$A=\infty$，振荡电路容易起振，但波形失真大。

习题8.10 电路如图8.21所示，根据电容三点式振荡器的工作原理，分析判断电路能否振荡。

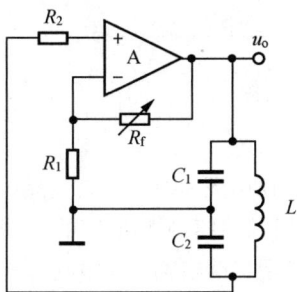 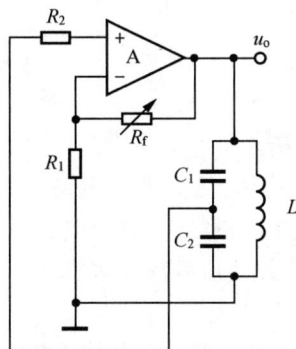

（a）电路1　　　　　　　　　　（b）电路2

图 8.21 题 8.10 图

知识点复习及分析

图8.21所示电路是一个LC振荡电路，也称为电容三点式振荡器。

解答

根据电容三点式振荡器的工作原理分析可知，图8.21（b）满足振荡条件（参照主教材258页图8-18）。

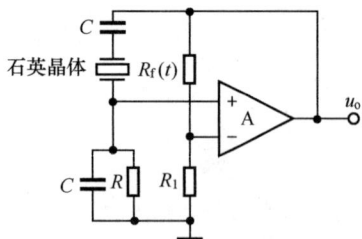

图 8.22　题 8.11 图

习题8.11　振荡电路如图8.22所示。

（1）判断其属于什么类型的振荡电路。

（2）说明电路中晶体的作用。

（3）电路中的石英晶体的工作状态是串联谐振还是并联谐振？

知识点复习及分析

图8.22所示电路是一个RC振荡电路。在满足振荡条件的情况下，晶体的作用等效为电阻。

解答

（1）图8.22所示电路为RC文氏桥正弦波振荡电路。

（2）在满足振荡条件的情况下，晶体的作用等效为电阻。

（3）石英晶体工作在串联谐振状态。

习题8.12　电路如图8.23所示。

（1）分析判断电路功能。

（2）电路中石英晶体的串联谐振频率和并联谐振频率分别是 f_s 和 f_p，分析电路的振荡频率是多少。

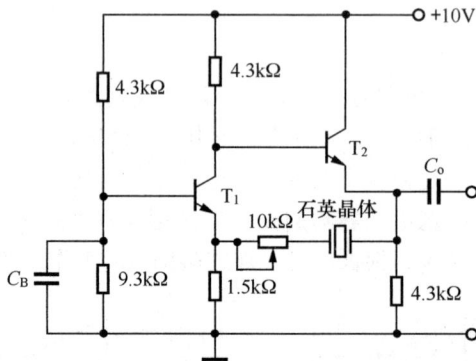

图 8.23　题 8.12 图

知识点复习及分析

图8.23是串联石英晶体正弦波振荡电路，详见主教材中图8-21。当石英晶体的工作状态是串联谐振时，谐振阻抗为0。此时图8.23为正反馈电路，可调电阻用于调整电路的反馈系数，通过调节可使其满足自激振荡条件，振荡频率为 f_s。如果石英晶体呈现容性或感性，电路都不满足自激振荡条件。

解答

（1）经过分析，这是串联石英晶体正弦波振荡电路。

（2）石英晶体工作在串联谐振状态时，振荡频率 $f = f_p$，石英晶体振荡器呈阻性。只有当 $f = f_p$ 时，电路满足正反馈条件。如果电路产生振荡，振荡频率为 f_p。

第9章 直流稳压电源习题解析及参考答案

9.1 思维导图

主教材中第9章直流稳压电源相关知识的思维导图如图9.1所示。

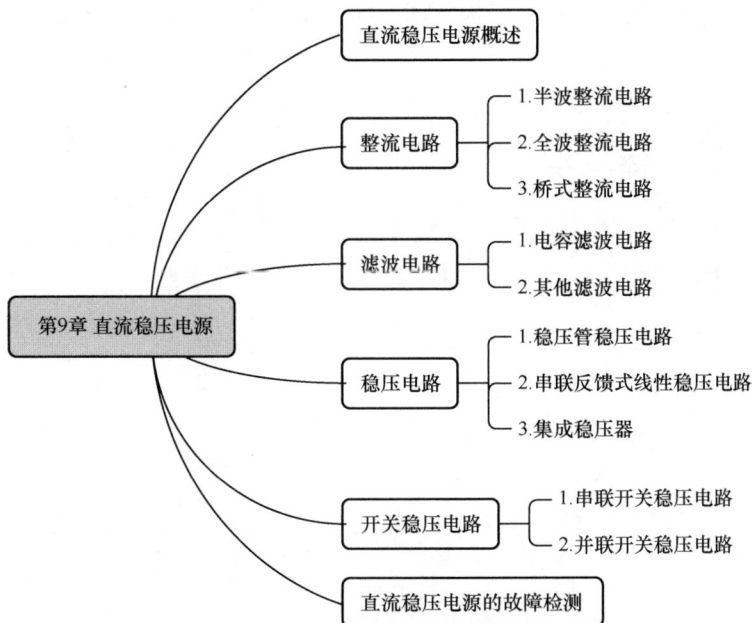

图 9.1 主教材中第 9 章的思维导图

9.2 习题解析及参考答案

习题9.1 桥式整流电路如图9.2所示，假设电路中的二极管出现以下情况：

（1）D_1因虚焊而开路；

（2）D_2因误接造成短路；

（3）D_2极性接反；

（4）D_1、D_2极性都接反；

（5）D_1开路，D_2短路。

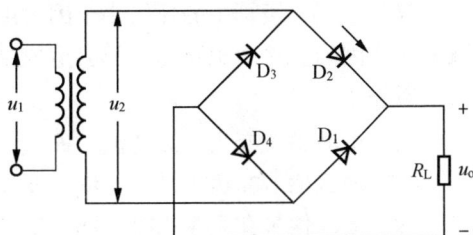

图 9.2 题 9.1 图

请分析电路会出现什么问题？

知识点复习及分析

图9.2所示的是单相桥式全波整流电路，由4个二极管组成桥式电路，其工作原理如下。

【习题 9.1】直流稳压电流电路

输入信号在正半周时，$u_2 > 0$，如图9.3（a）所示，二极管D_2、D_4导通，D_1、D_3截止，此时电流通路从变压器次级上端出发经二极管D_2、负载电阻R_L、二极管D_4后到达变压器次级下端。如果假设二极管次级线圈电阻为0，二极管导通压降忽略不计，此时整流电路输出$u_o \approx u_i$。

输入信号在负半周时，$u_2 < 0$，如图9.3（b）所示，二极管D_1、D_3导通，D_2、D_4截止，此时电流通路从变压器次级下端出发经二极管D_1、负载电阻R_L、二极管D_3后到达变压器次级上端，$u_o \approx -u_i = |u_i|$。

综上分析，变压器次级线圈的输出电压u_2、流经二极管D_1和D_3的电流i_{D1}和i_{D3}、流经二极管D_2和D_4的电流i_{D2}和i_{D4}、输出电压u_L以及二极管D_1、D_2、D_3、D_4的电压U_{D1}、U_{D2}、U_{D3}、U_{D4}的波形如图9.3（c）所示。

（a）   （b）

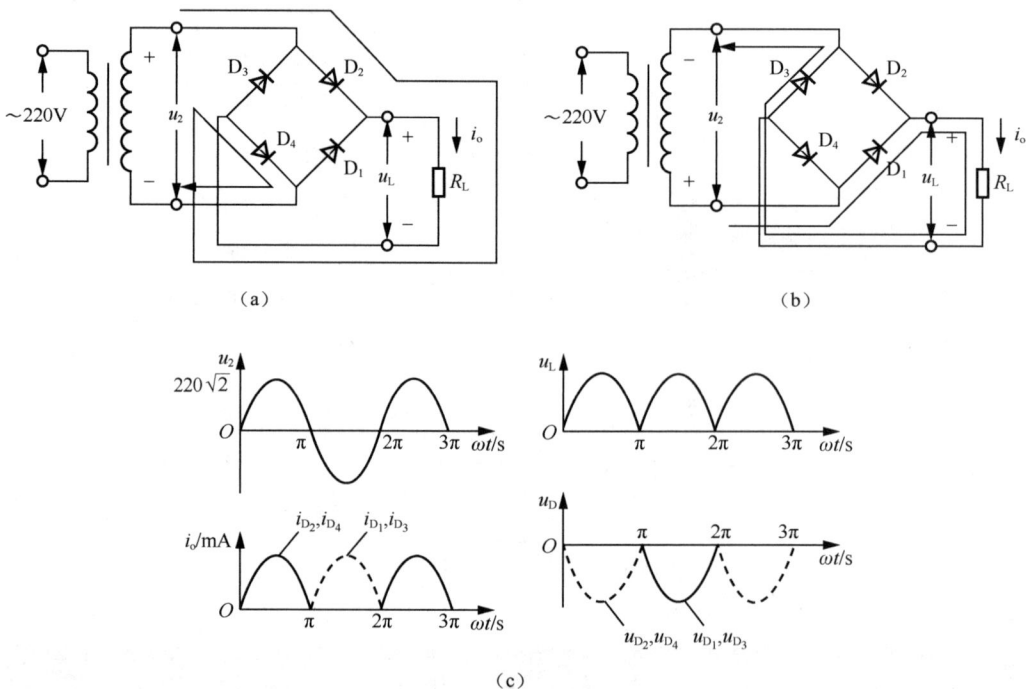

（c）

图9.3　图9.1解图

显然，当二极管中的任何一个因为虚焊而断开时，全波整流会变为半波整流；当二极管中的任何一个因为误接而短路时，都会造成某半周回路电流过大致使变压器线圈损坏。

解答

（1）全波整流变为半波整流，R_L上无负半周波形。

（2）输入信号在负半周时，D_1与变压器副边形成短路，会将D_1和变压器烧坏。

（3）输入信号在负半周时，D_1、D_2与变压器副边形成短路，会将D_1、D_2与变压器烧坏。

（4）整流桥无论在交流电源的正半周还是负半周均截止，无输出电压，即$u_o = 0$。

（5）电路变为半波整流，无负半周波形。

习题9.2　桥式整流滤波电路如图9.4所示，已知 $u_2 = 20\sqrt{2}\sin\omega t(\mathrm{V})$ 。

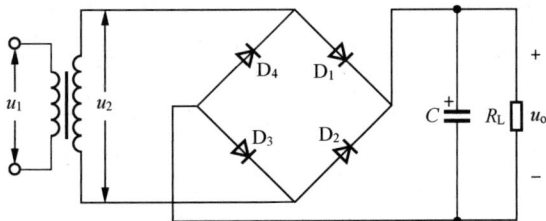

图9.4　题9.2图

（1）若电容C因虚焊而未接入电路，则输出直流电压的平均值 $U_{o(AV)}$ 是多少？

（2）若电路中负载 R_L 开路，则输出直流电压的平均值 $U_{o(AV)}$ 是多少？

（3）若负载 $R_L = 100\Omega$ ，试计算整流二极管的最大平均整流电流 I_F 和最高反向击穿电压 U_R 。

（4）若电网频率 $f = 50\mathrm{Hz}$ ，负载 $R_L = 100\Omega$ ，试确定滤波电容的参数。

知识点复习及分析

图9.4是单相桥式全波整流电路、电容滤波电路，其中整流电路的工作原理同习题9.1，在此不再赘述。

电容滤波电路可以从系统函数的角度来分析：负载输出是次级线圈电流乘以负载阻抗，即电容C与负载 R_L 的并联，整理得 $\dfrac{u_o}{i_2} = \dfrac{R_L}{1 + j\omega R_L C}$ ，具有低通特性，截止角频率为 $\dfrac{1}{R_L C}$ ，如果电容C足够大，则截止角频率足够小，输出近似为常数。

若电容C因虚焊而未接入电路，电路就是图9.3所示的全波整流电路。

若 R_L 开路，如果电容很大，输入信号从小变大时，二极管导通，充电速度很快，电容电压与次级电压近似相等；当输入信号由峰值变小时，二极管截止，电容没有放电回路，电压保持峰值，不发生变化。

依据工程经验， $R_L C$ 回路参数应满足

$$R_L C = (3 \sim 5)\frac{T}{2}$$

式中，T是50Hz交流电的周期， $T = \dfrac{1}{50} = 20\ \mathrm{ms}$ 。

此时输出电压的平均值为

$$U_{o(AV)} \approx 1.2 U_2 = 1.2 \times 20 = 24\mathrm{V}$$

其中 U_2 是变压器次级线圈输出电压的有效值。

解答

（1） $U_{o(AV)} = 0.9 \times 20 = 18\mathrm{V}$ 。

（2） $U_{o(AV)} = 20\sqrt{2}\mathrm{V}$ 。

（3）电路中存在滤波电容C且 $R_L \neq \infty$ ，此时 $U_{o(AV)} = 1.2 \times 20\mathrm{V} = 24\mathrm{V}$ 。故整流二极管的最大平均整流电流 $I_F > I_{D(AV)} = \dfrac{I_{o(AV)}}{2} = \dfrac{1}{2} \times \dfrac{U_{o(AV)}}{R_L} = 120\mathrm{mA}$ ，二极管最高反向击穿电压 $U_R = \sqrt{2}U_2 = 20\sqrt{2}\mathrm{V}$ 。

（4）依据工程经验，R_LC回路参数应满足 $R_LC = (3 \sim 5)\dfrac{T}{2}$，此时输出电压的平均值 $U_{o(AV)} \approx 1.2U_2$，$T = \dfrac{1}{f} = 0.02s$。取 $R_LC = 5 \times \dfrac{T}{2} = 0.05s$，负载 $R_L = 100\Omega$ 时，取滤波电容 $C = 500\mu F$。

习题9.3 分别判断图9.5所示的各个电路能否作为滤波电路，并简述理由。

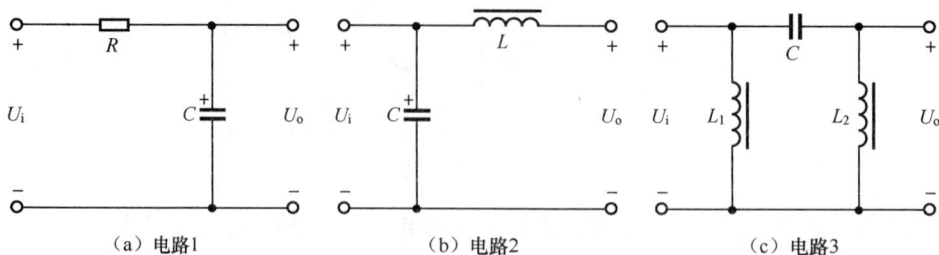

（a）电路1　　　　　　（b）电路2　　　　　　（c）电路3

图9.5　题9.3图

知识点复习及分析

图9.5所示电路的频率特性可以利用电容和电感的阻抗特性来进行判断。没有先验知识时，通过系统函数来判断则更加可靠。

对于图9.5（a）所示电路，由输出与输入之比得到的系统函数为

$$\frac{U_o}{U_i} = \frac{R_L}{R_L + j\omega L}$$

【习题9.3】滤波电路

利用幅频特性波特图法可以得到幅频特性波形，显然具有低通滤波特性，可用于滤波。

对于图9.5（b）所示电路，由输出与输入之比得到的系统函数为

$$\frac{U_o}{U_i} = \frac{\omega L_2}{\omega^2 L_2 C - 1}$$

显然具有低通滤波特性，可用于滤波。其中 R_L 是负载电阻。

对于图9.5（c）所示电路，由输出与输入之比得到的系统函数为

$$\frac{U_o}{U_i} = \frac{(1 - \omega^2 L_2 C)j\omega L_1}{1 - \omega^2 (L_1 + L_2)C}$$

显然不具有低通滤波特性，不能作为滤波电路。

解答

图9.5（a）、图9.5（b）可用于滤波，图9.5（c）不能用于滤波。

电感对直流分量的电抗很小，对交流分量的电抗很大，所以在滤波电路中应将电感串联在整流电路的输出和负载之间。

电容对直流分量的电抗很大，对交流分量的电抗很小，所以在滤波电路中应将电容并联在整流电路的输出或负载上。

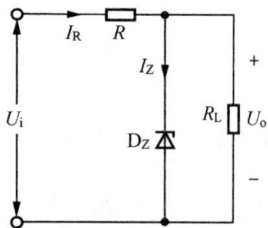

图9.6　题9.4图

习题9.4 稳压管稳压电路如图9.6所示。已知 $U_i = 20V$，变化范围 $(20 \pm 20\%)V$，稳压管 D_Z 的稳压电压值 $U_Z = 10V$，电流范围 I_Z 为 $10 \sim 60mA$，负载电阻 R_L 的变化范围为 $1 \sim 2k\Omega$。

（1）确定限流电阻 R 的取值范围。

（2）若已知稳压管 D_Z 的等效电阻 $r_Z = 10\Omega$，估算电路的稳压系数 S_r 和输出电阻。

知识点复习及分析

（1）图9.6所示电路是典型的稳压管稳压电路，利用输出负载的波动（即负载电流波动）范围、输入电压的波动范围，可得到限流电阻的取值范围为

$$\frac{U_{imax} - U_Z}{I_{Zmax} + I_{Lmin}} < R < \frac{U_{imin} - U_Z}{I_{Zmin} + I_{Lmax}}$$

其中：（U_{imax}，U_{imin}）是输入电压的波动范围；（I_{Lmax}，I_{Lmin}）是负载电流的波动范围；（I_{Zmax}，I_{Zmin}）是稳压管工作在稳压状态时额定电流的波动范围。

（2）稳压系数 S_r 定义为

$$S_r = \left.\frac{\Delta U_o / U_o}{\Delta U_i / U_i}\right|_{R_L=\text{常数}} = \left.\frac{\Delta U_o}{\Delta U_i} \cdot \frac{U_i}{U_o}\right|_{R_L=\text{常数}}$$

可依照定义进行 S_r 的分析计算。

解答

（1）当 U_i 最大而负载 R_L 中流过的电流最小时，稳压管中流过的电流最大，但其值必须小于稳压管额定的电流最大值 I_{Zmax}，即

$$\frac{U_{imax} - U_Z}{R} - I_{Lmin} < I_{Zmax}$$

于是可得限流电阻 R 的下限值为

$$R > \frac{U_{imax} - U_Z}{I_{Zmax} + I_{Lmin}}$$

考虑输入信号的波动范围为20%，取 $U_{imax} = U_i(1+20\%) = 24\text{V}$；已知 $I_{Zmax} = 60\text{mA}$，$U_Z = 10\text{V}$，$I_{Lmin} = \dfrac{U_Z}{R_{Lmax}} = 5\text{mA}$，故 $R > 215\Omega$。

当 U_i 最小而负载 R_L 中流过的电流最大时，稳压管中流过的电流最小，其值应大于 I_{Zmin}，即

$$\frac{U_{Imin} - U_Z}{R} - I_{Lmax} < I_{Zmin}$$

于是可得限流电阻 R 的上限值为

$$R < \frac{U_{imin} - U_Z}{I_{Zmin} + I_{Lmax}}$$

$U_{imin} = U_i(1-20\%) = 16\text{V}$，$I_{Zmin} = 10\text{mA}$，$I_{Lmax} = \dfrac{U_Z}{R_{Lmin}} = 10\text{mA}$，故 $R < 300\Omega$。

综上所述，限流电阻 R 的取值范围为 $215\Omega < R < 300\Omega$。

（2）稳压系数 S_r 定义为

$$S_r = \left.\frac{\Delta U_o / U_o}{\Delta U_i / U_i}\right|_{R_L=\text{常数}} = \left.\frac{\Delta U_o}{\Delta U_i} \cdot \frac{U_i}{U_o}\right|_{R_L=\text{常数}}$$

考虑输入变化量对输出变化量的影响时，可以得到 $\dfrac{\Delta U_o}{\Delta U_i} \approx \dfrac{r_z \mathbin{/\mkern-5mu/} R_L}{R + r_z \mathbin{/\mkern-5mu/} R_L}$，其中 r_z 表示稳压管 D_z 稳压状态时的等效电阻。由于 $R_L \gg r_z$，故有

$$\frac{\Delta U_o}{\Delta U_i} \approx \frac{r_z}{R + r_z}$$

当电路工作在稳压状态时，$U_o = U_z$，于是稳压系数 S_r 可表示为

$$S_r = \frac{r_z}{R + r_z} \cdot \frac{U_i}{U_z}$$

已知 $r_z = 10\Omega$，若取 $R = 250\Omega$，$U_i = 20\text{V}$，$U_z = 10\text{V}$，则有 $S_r = 7.7\%$。

故电路的输出电阻为 $R_o = r_z // R \approx r_z = 10\Omega$。

习题9.5 电路如图9.7所示，已知 $U_i = 18\text{V}$，滤波电容 $C = 1000\mu\text{F}$，稳压管 D_z 的稳压电压 $U_z = 6\text{V}$，$R = R_L = 1\text{k}\Omega$。

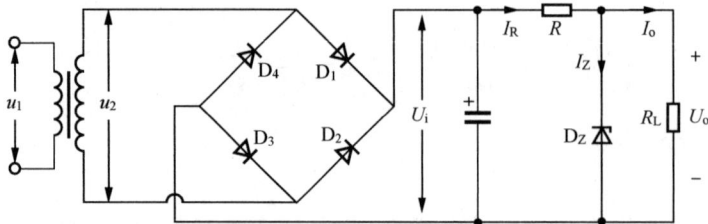

图9.7 题9.5图

（1）电路中稳压管 D_z 接反或限流电阻 R 短路时会发生什么现象？

（2）求电路中变压器副边电压有效值 U_2 和电路输出电压 U_o。

（3）假设 u_1 为正弦波，当滤波电容 C 断开时，请画出 u_i 和 u_o 的波形示意图。

知识点复习及分析

图9.7所示电路是主教材中介绍的典型的单相小功率直流电压源电路，其工作原理在此不再赘述。

解答

（1）如果稳压管 D_z 接反，稳压管会正向导通，导通压降为0.7V，此时输出 $U_o = 0.7\text{V}$，无法完成稳压工作。限流电阻 R 短路时，如果输入 U_i 大于 U_z，导致 I_z 过大，稳压管可能会烧坏，同时稳压电路不完整，无法实现稳压功能。

（2）$U_2 = \frac{U_i}{1.2} = \frac{18}{1.2} = 15\text{V}$，$U_o = U_z = 6\text{V}$。

（3）当滤波电容 C 断开时，u_i 和 u_o 的波形示意图如图9.8所示。如果限流电阻设计合理，则当稳压管反向击穿时可实现稳压功能。如果反向截止，输出波形等于输入波形，此时 u_i 和 u_o 的波形也如图9.8所示。

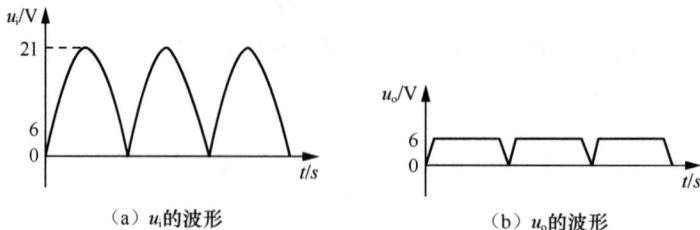

（a）u_i 的波形　　　　　（b）u_o 的波形

图9.8 u_i 和 u_o 的波形

习题9.6 使用运放构成的串联型稳压电路如图9.9所示，试分析以下问题。

（1）若测得 $U_i = 24\text{V}$，则变压器副边电压有效值 U_2 为多少？

（2）若已知$U_2 = 15\text{V}$，整流桥中某个二极管因虚焊而开路，并且滤波电容C_1也开路，则U_i为多少？

（3）若$U_i = 30\text{V}$，稳压管D_Z的稳定电压值$U_Z = 6\text{V}$，电路中$R_1 = 2\text{k}\Omega$，$R_2 = R_3 = 1\text{k}\Omega$，则输出电压$U_o$的范围为多少？

（4）在（3）的条件下，若R_L的变化范围为$100 \sim 300\Omega$，限流电阻$R = 400\Omega$，则三极管T_1何时功耗最大？相应的最大功耗值是多少？

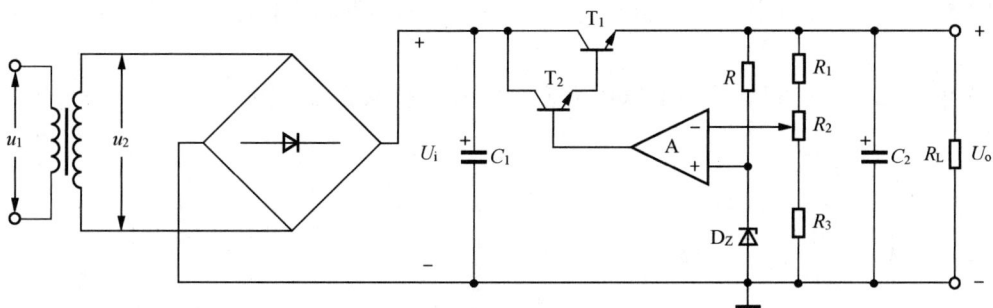

图9.9 题9.6图

知识点复习及分析

图9.9是串联反馈式稳压电路，其方框图如图9.10所示，工作原理在此不再赘述。

解答

（1）根据桥式整流电容滤波电路的经验公式$U_i = 1.2U_2$，可以直接求得变压器次级线圈的输出有效值U_2为$U_2 = \dfrac{U_i}{1.2} = 20\text{V}$。

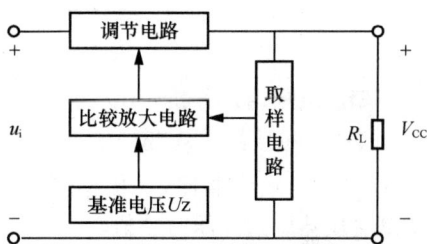

图 9.10 串联反馈式稳压电路的方框图

（2）若整流桥中某个二极管因虚焊而开路，并且滤波电容C_1也开路，此时的桥式全波整流、滤波电路变成半波整流电路，$U_i \approx 0.45U_2 = 6.75\text{V}$。

（3）当R_2的滑动端处于最下方时，U_o有最大值，即

$$U_{omax} = \frac{U_Z}{R_3}(R_1 + R_2 + R_3) = 24\text{V}$$

而当R_2的滑动端处于最上方时，U_o有最小值，即

$$U_{omin} = \frac{U_Z}{R_2 + R_3}(R_1 + R_2 + R_3) = 12\text{V}$$

因此，输出电压U_o的范围为$12 \sim 24\text{V}$。

（4）当输出电压U_o为最小值U_{omin}时，若$U_i = 30\text{V}$，调整管T_1上有最大的管压降$U_{CE1} = U_i = 30 - 12 = 18\text{V}$。此时，若$R_{Lmin} = 100\Omega$，则负载电流$I_L$为最大值$I_{Lmax} = \dfrac{U_{omin}}{R_{Lmin}} = 120\text{mA}$，限流电阻$R$上的电流$I_R = \dfrac{U_{omin} - U_Z}{R} = 15\text{mA}$，流过采样电阻$R_1$、$R_2$、$R_3$上的电流$I_{R1} = \dfrac{U_{omin}}{R_1 + R_2 + R_3} = 3\text{mA}$。

故调整管T_1的射极总电流为

$$I_{E1} = I_{Lmax} + I_R + I_{R1} = 138mA$$

T_1的最大功耗为

$$P_{CM} = U_{CE1}I_{E1} = 2.48W$$

习题9.7 直流稳压电路如图9.11所示，若变压器副边电压有效值$U_2 = 15V$，三端稳压器为W7812，试分析下列问题。

（1）整流电路输出电压的平均值$U_{o(AV)}$约为多少？每只整流管的最大反向击穿电压U_{Rmax}为多少？

（2）W7812中调整管承受的电压约为多少？若负载电流$I_L = 100mA$，则W7812的功耗为多少？

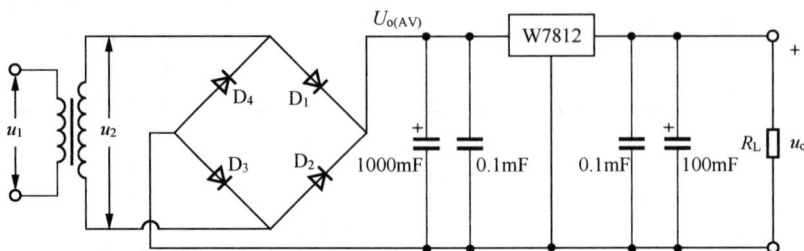

图 9.11 题 9.7 图

知识点复习及分析

图9.11中使用了W7812，这是一个三端固定式集成稳压器，稳压输出为12V，输入范围为14.5～27V，通常取18V。依据经验，整流电路经过稳压电路后输出的电压$U_{o(AV)} = 1.2U_2$，其中U_2是变压器副边电压有效值。

W7812中调整管承受的电压是$U_{o(AV)} - U_o$，负载电流也是流经W7812中调整管的电流I_L，因此W7812的功耗为$(U_{o(AV)} - U_o)I_L$。

解答

（1）已知变压器副边电压有效值$U_2 = 15V$，根据经验，整流电路的输出电压为

$$U_{o(AV)} = 1.2U_2 = 1.2 \times 15 = 18V$$

根据整流电路的工作原理，可知每只整流管的最大反向击穿电压为

$$U_{Rmax} = \sqrt{2}U_2 = \sqrt{2} \times 15 \approx 21.2V$$

（2）在正常情况下，W7812中调整管承受的电压为

$$U_{o(AV)} - U_o = 18 - 12 = 6V$$

若$U_o = 0$，即负载短路，承受的电压为

$$U_{o(AV)} - U_o = 18 - 0 = 18V$$

当负载电流$I_L = 100mA$时，W7812的功耗为

$$P_C = (U_{o(AV)} - U_o)I_L = (18 - 12) \times 0.1 = 0.6W$$

习题9.8 使用三端可调式集成稳压器W117构成如图9.12所示的稳压电路。已知W117调整端电流$I_w = 50\mu A$，输出端2和调整端3间的基准电压$U_{23} = 1.25V$。试分析下列问题。

（1）当 $R_1 = 200\Omega$ 、 $R_2 = 500\Omega$ 时，输出电压 U_o 为多少？

（2）若将 R_2 改为 $3\text{k}\Omega$ 的电位器，则输出电压 U_o 的可调范围为多少？

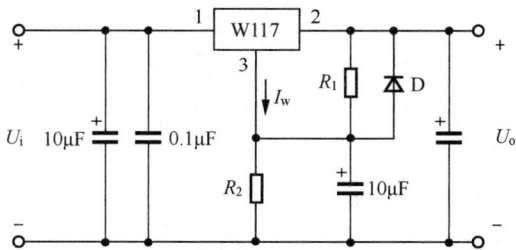

图9.12 题9.8图

知识点复习及分析

图9.12中使用了W117，这是一种三端可调式集成稳压器。当作三端固定集成稳压器使用时，稳压输出为1.25V。在图9.12所示电路中，W117的输出端2号与3号之间的电压为1.25V。

解答

（1）图9.12所示电路的输出电压表达式为

$$U_o = \left(\frac{U_{REF}}{R_1} + I_w \right) R_2 + U_{REF}$$

考虑到调整端电流 I_w 很小，可将其忽略，因此 U_o 表达式可改写为

$$U_o = \frac{R_1 + R_2}{R_1} U_{REF} = 4.375\text{V}$$

（2）若用电位器替代 R_2，在电位器短接的情况下 U_o 有最小值 U_{omin}，即

$$U_{omin} = U_{REF} = 1.25\text{V}$$

而当 $3\text{k}\Omega$ 电位器阻值全部接入电路时， U_o 有最大值 U_{omax} ，即

$$U_{omax} = \frac{200 + 3000}{200} \times 1.25 = 20\text{V}$$

因此输出电压 U_o 的可调范围为 $1.25 \sim 20\text{V}$ 。

习题9.9 试分别给出图9.13所示各电路的输出电压表达式。

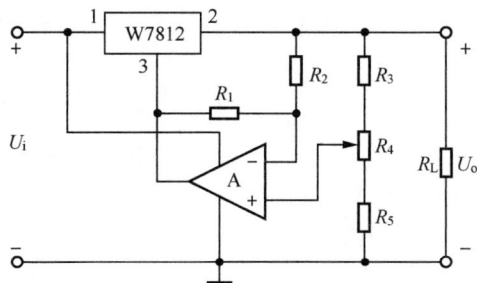

（a）电路1

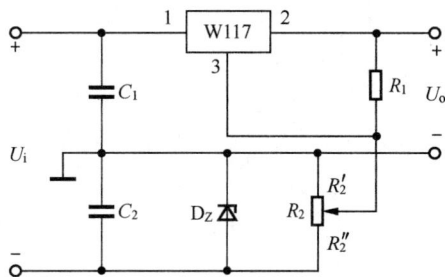

（b）电路2

图9.13 题9.9图

知识点复习及分析

图9.13中的两个电路均是利用三端集成稳压器设计的稳压电路。

解答

图9.13（a）中，W7812的输出为 U_{REF} ，基准电压 $U_{R_2} = \dfrac{R_1}{R_1 + R_2} U_{REF}$ ，电

路中的运放引入了负反馈，因此 $U_+ = U_- = U_{R_2} = \dfrac{R_1}{R_1 + R_2} U_{REF}$ 。

当滑动电阻 R_4 的箭头在最下方时， U_o 有最大值 U_{omax} ，即

$$U_{omax} = \frac{R_3 + R_4 + R_5}{R_3} U_{R_2}$$

当滑动电阻 R_4 的箭头在最上方时， U_o 有最小值 U_{omin} ，即

$$U_{omin} = \frac{R_3 + R_4 + R_5}{R_3 + R_4} U_{R_2}$$

输出电压的变化范围为

$$\frac{R_3 + R_4 + R_5}{R_3 + R_4} U_{R_2} \leqslant U_o \leqslant \frac{R_3 + R_4 + R_5}{R_3} U_{R_2}$$

输出电压的表达式为

$$U_o = U_{REF} - \frac{R_2'}{R_2} U_Z$$

【习题 9.9】直流稳压电流电路

2

第二部分

期末考试试题
及参考答案

第1套　期末考试试题及参考答案

一、选择题

1. 在本征半导体中掺入5价元素的杂质半导体的自由电子是＿＿C＿＿，由＿＿A＿＿原子提供。
   A. 杂质　　　　　B. 少子　　　　　C. 多子　　　　　D. 热激发

2. N沟道结型场效应管漏源电流最大时，栅源两端加入的电压应该是＿＿A＿＿。
   A. 0V　　　　　B. 大于0V　　　　　C. 小于0V　　　　　D. 大于夹断电压

3. 在图1（a）所示的经典共射放大电路中，R_1和U_{CC}的作用是＿＿A＿＿和＿＿B＿＿。
   A. 为输出信号提供能量　　　　　　　　B. 使三极管工作在放大区
   C. 使三极管工作在饱和区　　　　　　　D. 提供输出电流

4. 在共射放大电路晶体管的小信号模型中，h_{ie}可用＿＿B＿＿表达。
   A. $\Delta i_c / \Delta u_{CE}$　　B. $\Delta u_{BE} / \Delta i_b$　　C. $\Delta i_c / \Delta u_{BE}$　　D. $\Delta i_b / \Delta u_{CE}$

5. 在设计放大电路时，为了增强带负载能力，输出级常采用＿＿A＿＿。
   A. 共集电路　　　　　　　　　　　　　B. 共射电路
   C. 共基电路　　　　　　　　　　　　　D. 带复合三极管的共射电路

6. 在增强型N沟道MOS场效应管的输出特性曲线中，可变电阻区形成的原因是＿＿C＿＿。
   A. U_{GS}不变　　B. 输出电阻不变　　C. U_{GS}变化　　D. 输出电流不变

7. 放大电路引入负反馈后，其闭环输入电阻和开环输入电阻的关系是＿＿D＿＿。
   A. 不变　　　　　　　　　　　　　　　B. 增加$1 + AB$倍
   C. 减小$1 + AB$倍　　　　　　　　　　D. 增加$1 + AB$或减小$1 + AB$倍

8. 由双极型三极管构成的威尔逊电流源的误差项是＿＿D＿＿。
   A. 0　　　　B. $1/(\beta + \beta^3)$　　C. $2/\beta$　　D. $2/(2\beta + \beta^2)$

9. 迟滞比较器具有上门限和下门限两个电压值的原因是＿＿B＿＿。
   A. 输出正饱和和负饱和两个电压值，而且运算放大器具备虚地特性
   B. 输出正饱和和负饱和两个电压值，而且运算放大器具备正反馈特性
   C. 输出正饱和和负饱和两个电压值，而且运算放大器具备负反馈特性
   D. 输出正饱和和负饱和两个电压值，而且运算放大器具备开环特性

10. 运算放大器由双电源供电改为单电源供电时，为了保证正常工作需加入偏置电路。但外加负载时，必须在输出端＿＿D＿＿，得到正确输出。
    A. 并接电容　　　　　　　　　　　　　B. 串接上拉电阻
    C. 并接上拉电阻　　　　　　　　　　　D. 串接隔直电容

二、简答题

1. 试用混合 π 模型讨论典型单级共射电路和单级共基电路的频率特性。

答：在高频响应时，典型单级共射 π 模型电路跨接到射极和集电极的电容反映到输入回路中时有密勒倍增效应，会使高频极点降低，而单级共基电路无密勒效应。因此典型单级共射电路的高频特性不如单级共基电路的高频特性好。

2. 为什么说运算放大器有两种工作状态：一种是线性工作状态，另一种是饱和工作状态；而不说一种是线性工作状态，另一种是非线性工作状态？

   答：习惯上称非线性工作状态是饱和、截止两种状态，但放大器输出级是推挽输出，以对称的 NPN 和 PNP 作为输出。NPN 到输出值时是正饱和状态，PNP 到输出值时是负饱和状态。因此确切地说，输出为饱和状态。

3. 基于理想运算放大器的定义，试叙述虚短的概念。

   答：理想运算放大器的输出电压等于同相端电压减反相端电压后，再乘以理想运算放大器的增益。又由于理想运算放大器的增益为无穷大，可推出同相端电压减反相端电压为 0，因此得到同相端电压等于反相端电压，实际上同相端并不是接在反相端上，因此得到虚短的概念。

三、分析题

1. 典型的共射放大电路如图 1（a）和图 1（b）所示，其中晶体管是硅管。

（1）求图 1（a）和图 1（b）的静态工作点 I_{BQ}。

（2）求不考虑 R_1 和 R_4 时，图 1（a）和图 1（b）的输入电阻 r_i。

（3）从工程角度考虑这两个电路的稳定性。

（4）求两个放大电路的电压增益 A_u 的表达式，并说明当图 1（b）去掉 C_E 时，增益 A_u 的变化。

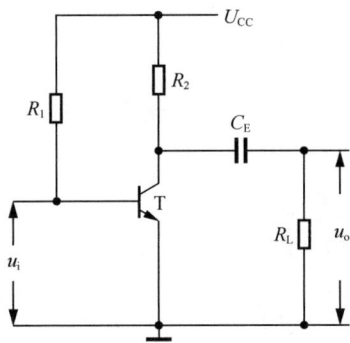

（a）典型的共射放大电路 1   （b）典型的共射放大电路 2

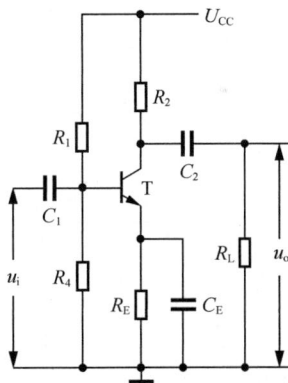

图 1 典型的共射电路

解：（1）图 1（a）的静态工作点 $I_{BQ} = (E_C - U_{BEQ})/R_1$。

对于图 1（b），已知当 $(1+\beta)R_E \gg R_1 /\!/ R_2$ 时

$$U_B = \frac{R_4}{R_1 + R_4} E_C$$

$$U_E = U_B - U_{BEQ}$$

$$I_{EQ} = U_E / R_E$$

故 $I_{BQ} = I_{EQ} / (1 + \overline{\beta})$。

（2）不考虑R_1和R_4时，图1（a）和图1（b）的输入电阻$r_i = h_{ie}$。

（3）从工程角度考虑，图1（a）和图1（b）两电路在温度或其他因素变化时，稳定性分析如下。

图1（a）：无反馈作用。假设温度降低，集电极电流将降低，因此静态工作点下降。

图1（b）：有反馈作用。假设温度升高，集电极电流因反馈作用不变，因此静态工作点不变。

（4）两个放大电路的电压增益A_u为

$$A_u = -\frac{h_{fe}R_L'}{h_{ie}}$$

当图1（b）去掉C_E时，增益A_u变小，为

$$A_u = -\frac{h_{fe}R_L'}{h_{ie} + (1+h_{fe})R_E}$$

2. 图2中的曲线是未加负反馈时的幅频特性曲线。

（1）写出图中幅频特性曲线对应的增益函数。

（2）若引入负反馈，当临界振荡时，增益下降了多少？

（3）若引入负反馈后增益下降为粗黑线，从工程应用的角度分析，系统是否稳定？

（4）在工程应用中，如果引入负反馈后，在保证稳定的相位裕量的前提下，增益最多能下降到多少？写出此时的增益函数。

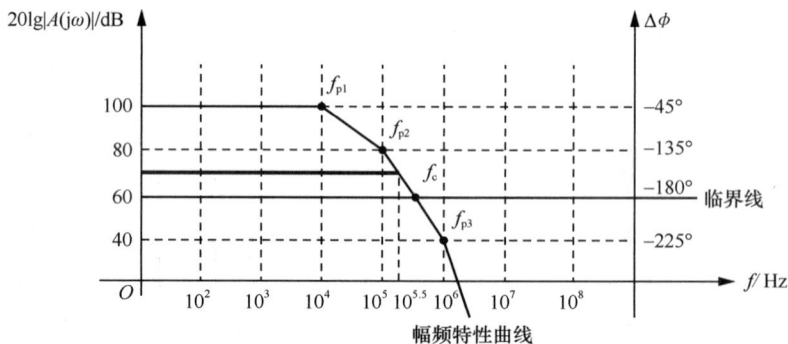

图2　波特图

解：（1）$A_u(f) = \dfrac{10^5}{\left(1 + j\dfrac{f}{10^4}\right)\left(1 + j\dfrac{f}{10^5}\right)\left(1 + j\dfrac{f}{10^6}\right)}$

（2）原始增益为100dB。引入负反馈后，当临界振荡时，相移180°时的增益为60dB，因此增益下降40dB。

（3）若引入负反馈后增益下降为粗黑线，从工程应用的角度分析，系统不稳定，原因是相位裕度小于45°。

（4）从工程的角度分析，引入负反馈后，系统是稳定的，相位和180°差45°，在135°时的增益值为80dB，所以在保证稳定的相位裕量的前提下，环路增益应满足

$$20\lg|A(jf_{p1})B| < 0，即 20\lg\left|\frac{1}{B}\right| > 20\lg|A(jf_{p1})| = 80\text{dB}$$

闭环增益函数

$$20\lg\left|A_{\mathrm{uf}}\right| = 20\lg\left|\dfrac{A_{\mathrm{u}}}{1+A_{\mathrm{u}}\mathrm{B}}\right| \approx 20\lg\left|\dfrac{1}{\mathrm{B}}\right| > 80\mathrm{dB}$$

可知增益最多下降20dB。

3. 图3所示电路是两个功率放大器的原理图，并通过参数设计得到最大输出功率。分析图3（a）和图3（b）后回答下列问题。

（1）从输入电路的不同阐述图3（a）和图3（b）的优缺点。

（2）从中间放大电路的不同阐述图3（a）和图3（b）的优缺点。

（3）从输出放大电路的不同阐述图3（a）和图3（b）的优缺点

（4）根据上述分析，在设计电路时，你会选择哪种方案？

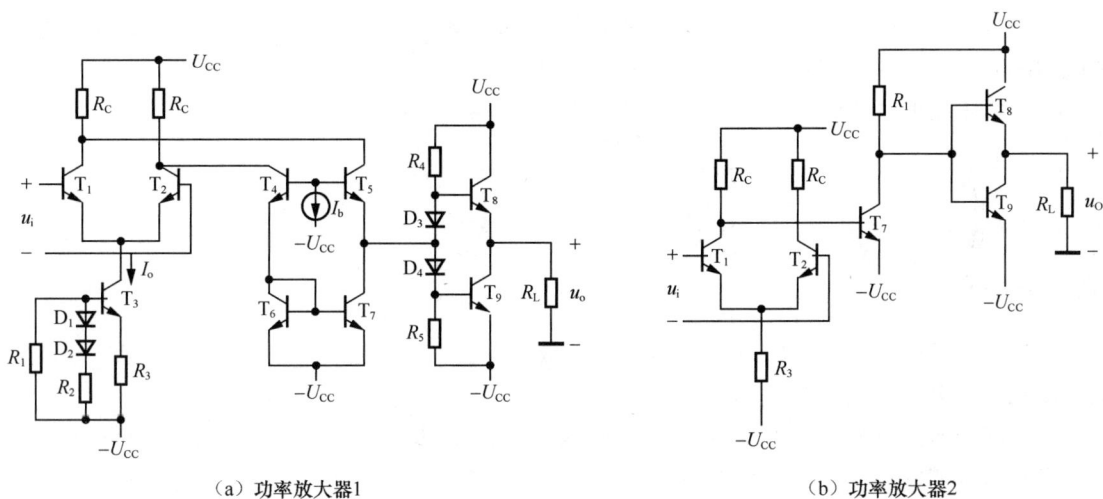

（a）功率放大器1　　　　　　　　　　　　（b）功率放大器2

图3　功率放大器原理图

解：（1）从输入电路来看，图3（a）用电流源取代了图3（b）中的电阻R_3，不仅克服了漂移，还可使负电源的值不用随放射极电阻的提高而提高。此外，两电路均采用差分输入，可提高共模抑制比。

（2）从中间放大电路来看，图3（a）是差分电路，而且是共基差分电路，具有较好的高频特性；而图3（b）只是小信号共射电路。因此和图3（b）相比，图3（a）不仅有放大作用，而且高频特性好。

（3）从输出放大电路来看，两电路在理论上效率可达到78.5%。但图3（b）是乙类功率放大器，会产生交越失真；图3（a）是甲乙类功率放大器，克服了交越失真。

（4）综上所述，尽管图3（b）简单，最优选择方案为图3（a）。

4. 图4为串联型稳压电路，其中A是理想运算放大器，回答下列问题。

（1）说明电路由哪几部分组成。

（2）简述电路的稳压原理。

（3）推导输出电压U_{o}的稳压范围。

（4）微调R、R_{L}和U_{i}，输出电压会发生怎样的变化？

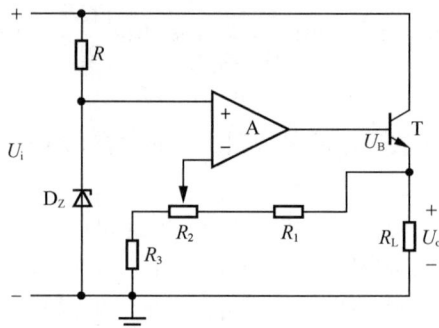

图 4　串联型稳压电路

解：（1）三极管T是调节电路，电阻R和稳压二极管D_Z组成基准电压电路，电阻R_1、电阻R_2和电阻R_3是采样电路，运算放大器是比较放大电路。

（2）稳压原理：$U_o \uparrow \rightarrow U_- \uparrow \rightarrow U_B \downarrow \rightarrow U_o \downarrow$。（过程略）

（3）$\dfrac{R_1 + R_2 + R_3}{R_2 + R_3} \cdot U_Z \leqslant U_o \leqslant \dfrac{R_1 + R_2 + R_3}{R_3} \cdot U_Z$。（过程略）

（4）微调R、R_L和U_1时，输出电压无变化。（过程略）

四、设计题

图5所示电路是由两运算放大器和框图A组成的电路，其中$R_1 = R_2$，$R_3 = R_4$，并接一只电压表，以测量输出电压U_o。要求。

（1）用NPN型三极管设计连接图5中的框图A电路（三极管电流放大倍数为β），使之成为三极管β值的测量电路。（注意：框图A中除了一个NPN三极管外没有其他元器件）

（2）写出三极管T的β值表达式。

（3）若已知$U_1 = 46\text{V}$，$U_2 = 2\text{V}$，当$U_o = 1.5\text{V}$时LED灯D_1点亮，此时β值是多少？

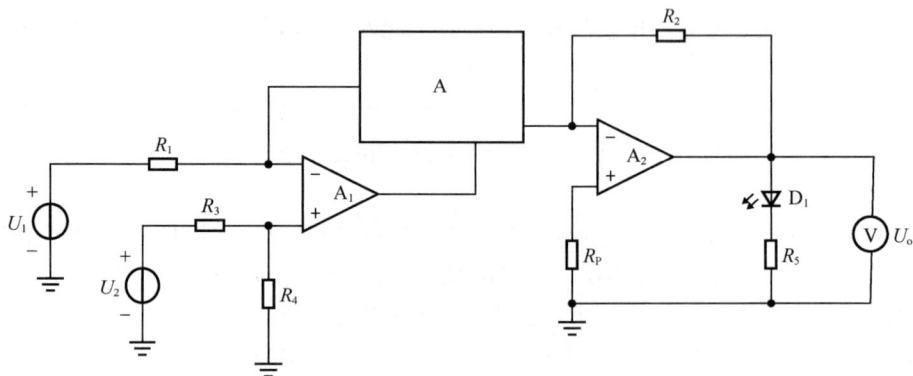

图5　电路图

解：（1）框图A电路和连接好后的三极管β值测量电路如图6所示。

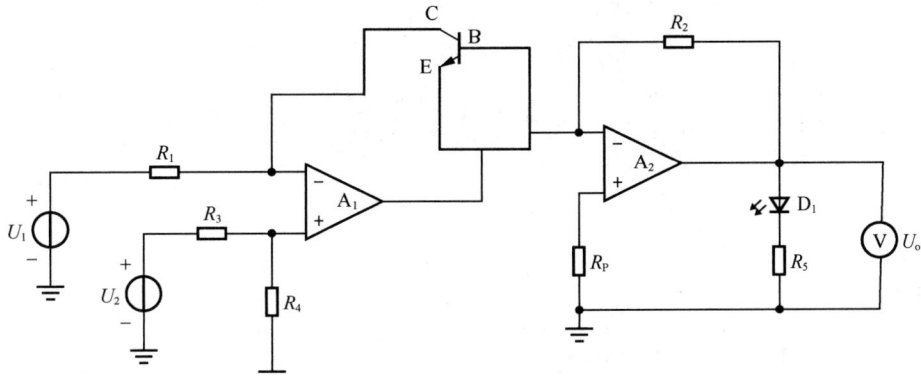

图 6　三极管 β 值测量电路

（2）由运算放大器 A_1 可知

$$U_+ = \frac{R_4}{R_3 + R_4} U_2$$

三极管集电极电流和基极电流之比为

$$\beta = \frac{i_C}{i_B} = \frac{U_1 - U_-}{U_o} \frac{R_2}{R_1} = \frac{R_2}{R_1} \frac{U_1 - U_2 \dfrac{R_4}{R_3 + R_4}}{U_o} = \frac{U_1 - \dfrac{U_2}{2}}{U_o}$$

（3）$\beta = 30$。（过程略）

第2套 期末考试试题及参考答案

一、选择题

1. 本征半导体电子浓度n_i___C___空穴浓度p_i。
   - A. 大于
   - B. 小于
   - C. 等于
   - D. 大于或等于

2. 当反向电压增高时，少子获得能量高速运动，在空间电荷区与原子发生碰撞，产生碰撞电离使反向电流激增，形成连锁反应，属于___A___击穿。
   - A. 雪崩
   - B. 齐纳
   - C. 热击穿
   - D. 多子

3. 下列电路的连接方式哪个是错误的? ___D___

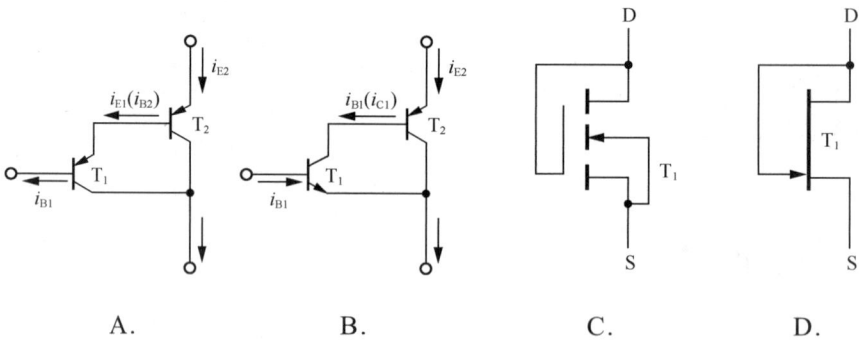

   A.　　　　　　　B.　　　　　　　C.　　　　　　　D.

4. 单电源供电的甲乙类功率放大器应在负载和运放之间串接一个较大的___A___。
   - A. 电容
   - B. 电阻
   - C. 二极管
   - D. MOS管

5. 功率放大器的非线性交越失真是由___A___引起的。
   - A. 死区
   - B. 饱和区
   - C. 放大区
   - D. 输入信号过大

6. 共基放大电路的特点不包括___C___。
   - A. 高频特性好
   - B. 输入电阻小
   - C. 电压增益约等于1
   - D. 输出电阻大

7. 共集放大电路的特点不包括___A___。
   - A. 高频特性好
   - B. 输入电阻大
   - C. 电压增益约等于1
   - D. 输出电阻小

8. 三极管结电容是影响___A___增益下降的主要原因。
   - A. 高频
   - B. 低频
   - C. 中频
   - D. 除了高频

9. 判别三极管放大电路是哪种组态，首先将电路化简为___D___，再得出答案。
   - A. 射极跟随电路
   - B. π型等效通路
   - C. 直流通路
   - D. 交流通路

10. 某晶体管当$U_{GS}= 0V$时，漏极饱和电流$I_{DSS} = 0.5mA$；当$U_{GS} = 2V$时，漏极电流$I_D = 0.6mA$。请问该晶体管是___D___。

A. 三极管　　　　　　　　　　　　B. 结型场效应管

C. 增强型MOS场效应管　　　　　　D. 耗尽型MOS场效应管

二、简答题

1. 对于乙类功率放大器，若其正电源$+U_{CC} = 12\text{V}$，负电源$-U_{CC} = 12\text{V}$，负载$R_L = 8\Omega$，试分析计算其集电极最大耗散功率和直流电源输出功率。

设最大耗散功率为P_{omax}，直流电源输出功率为P_{DC}。

答：$P_{omax} \approx \dfrac{U_{CC}^2}{2R_L} = \dfrac{12^2}{2 \times 8} = 9\text{W}$，$P_{DC} \approx \dfrac{2U_{CC}^2}{\pi R_L} = \dfrac{2 \times 12^2}{3.14 \times 8} \approx 11.46\text{W}$

2. 运算放大器中电流源的作用有哪些？

答：可作为直流偏置、有源负载（答案非唯一，若使用其他术语请酌情给分）。

三、分析题

1. 试分析图1所示电路，已知$U_{E1} = 0\text{V}$，$R_1 = R_2$，回答下列问题。

（1）流过电阻R_1和R_2的电流之间的关系。

（2）计算I_o。

（3）计算U_{CE4}。

（4）写出输出和输入的电压中频增益，设共射、共基小信号h参数已知，共基电路输出的有源负载电阻为r_{o4}。

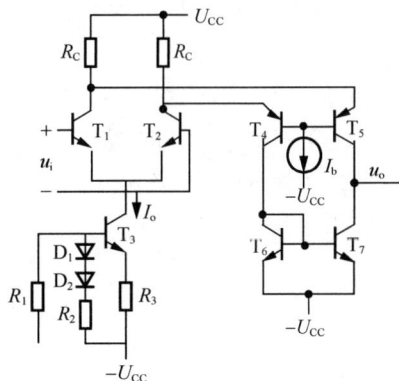

图1　放大电路

解：（1）$I_1 \approx I_2 = \dfrac{U_{CC} - 2U_D}{2R_2}$。

（2）由T_3为核心构成的电流源电路

$$U_{BE} + I_3 R_3 = 2U_D + I_2 R_2$$

则

$$I_o = I_{c3} \approx I_3 = U_{CC} / 2R_3$$

（3）$U_{CE4} = U_{C4} - U_{E4} = (-U_{CC} + 0.7) - \left(U_{CC} - \dfrac{I_o R_C}{2}\right)$

（4）经分析，差分放大电路是共射-共基组合放大电路，双入双出，其增益等于单管放大电路的增益。

已知 $A_{u1} = -\dfrac{h_{fe1}(h_{ib4} /\!/ R_C)}{h_{ie1}}$

$A_{u4} = -\dfrac{h_{fb4} r_{o4}}{h_{ib4}}$

故 $A_u = A_{u1} A_{u4} = \dfrac{u_o}{u_i}$

2. 图2中的曲线是未加负反馈时的幅频特性曲线，引入负反馈后增益下降到临界线。

（1）写出图2对应的开环增益函数$A_u(f)$。

（2）写出f_{P1}、f_{P2}、f_c和f_{P3}对应的相移。

（3）若引入负反馈，问临界振荡时，增益下降了多少？若引入负反馈后增益下降，从工程应用的角度分析，系统是否稳定？

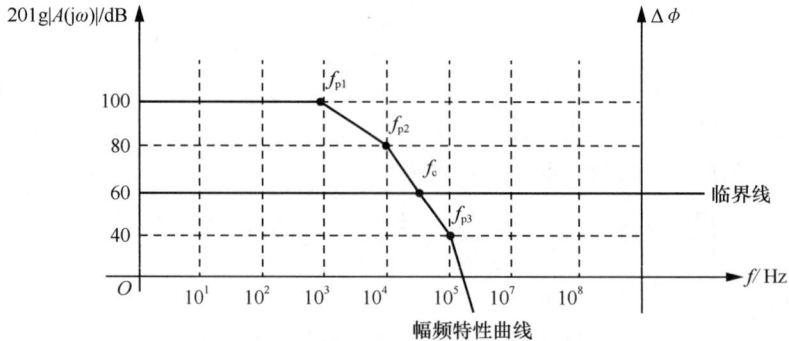

图2　波特图

解：（1）$A_u(f) = \dfrac{10^4}{\left(1+j\dfrac{f}{10^3}\right)\left(1+j\dfrac{f}{10^4}\right)\left(1+j\dfrac{f}{10^5}\right)}$。（过程略）

（2）$-45°$、$-135°$、$-180°$和$-225°$。（过程略）

（3）不稳定。（过程略）

3. 为保证图3电路为负反馈放大器，指出运放的两个输入端①、②哪个是同相输入端，哪个是反相输入端？

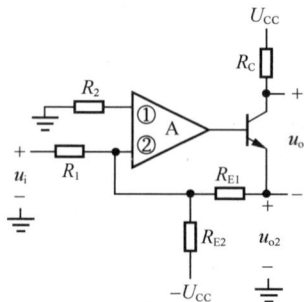

图3　负反馈放大器

解：②是反相输入端，①是同相输入端。

假设运放A输出端能满足三极管发射结正偏，经过电阻反馈网络R_{E1}和R_{E2}后，需接入运放A反相端才能保证是负反馈。

4. 利用"虚地""虚断"概念，求图4所示电路的闭环增益A_u，已知流过电阻R_1、R_2、R_3和R_4的电流为i_1、i_2、i_3和i_4。

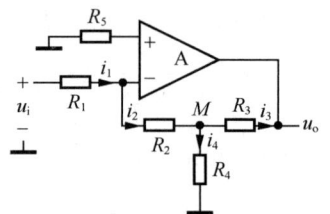

图4　题4电路

解：利用"虚地""虚断"概念，得$i_1 = i_2$，即

$$(u_i - 0)/R_1 = (0 - u_M)/R_2$$

$$u_M = -(R_2/R_1)u_i$$

又因为$i_2 = i_3 + i_4$，即

$$(0 - u_M)/R_2 = u_M/R_4 + (u_M - u_o)/R_3$$

$$u_o = R_3(1/R_2 + 1/R_4 + 1/R_3)u_M = -R_3 R_2/R_1(1/R_2 + 1/R_4 + 1/R_3)u_i$$

所以

$$A_u = u_o/u_i = -R_3 R_2/R_1(1/R_2 + 1/R_4 + 1/R_3)$$

四、设计题

图5所示电路是一个两级放大器原理图，第一级为晶体管差分放大电路，第二级为运放构成的反相比例放大电路。

（1）为进一步提高输出电压的稳定度，试正确引入反馈；

（2）计算开环增益$A_u = u_o/u_i$；

（3）计算引入反馈后的闭环增益A_u；

（4）若一定要求引入电压并联负反馈，电路应如何连接？

解：（1）为进一步提高输出电压的稳定度，需引入电压负反馈，如图5中虚线所示。

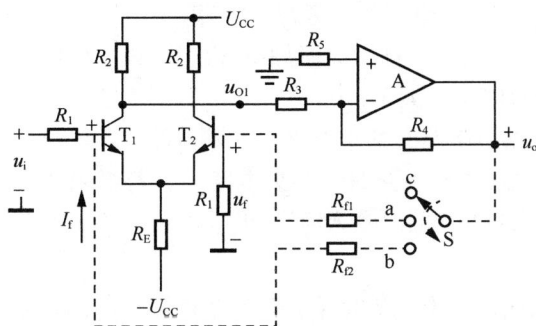

图5 两级放大器原理图

引入时有两种情况：一是将反馈引入T_1的基极（开关S→b），构成并联反馈；二是将反馈引入T_2的基极（开关S→a），构成串联反馈。关键是判断哪一种是负反馈。

根据瞬时极性法的判断结果，开关S→a构成电压串联负反馈，而开关S→b构成正负反馈，所以应将开关S接a点。

（2）$A_u = u_o / u_i = \dfrac{u_{o1}}{u_i}\dfrac{u_o}{u_{o1}} = A_{u1} \cdot A_{u2}$

其中，$A_{u1} = u_{o1}/u_i = -1/2 \cdot h_{fe}(R_2 // R_3)/h_{ie}$（单端输出）；$A_{u2} = -R_4/R_3$。

（3）引入电压串联负反馈后的闭环电压增益为

$$A_u = 1 + R_{f1}/R_1$$

（4）若一定要求引入电压并联负反馈，最简单的办法是将第一级T_1的输出改为T_2的输出。

第3套　期末考试试题及参考答案

一、填空题

1. PN结加正向电压时，耗尽层将__变窄__。

2. 半导体掺杂浓度高时容易引起__齐纳__击穿，而掺杂浓度低时容易引起__雪崩__击穿。

3. 放大电路在高频信号作用下电压增益下降的原因是存在__结__电容，而在低频信号作用下电压增益下降的原因是存在__耦合__电容和__旁路__电容。

4. 结型场效应管工作在恒流区时，其栅源间所加电压U_{GS}应该__反偏__（正偏、反偏），因此P沟道结型场效应管的栅源电压U_{GS}__大于__0。

5. 给定以下4种放大电路：共射电路、共集电路、共基电路、共源电路。输入电阻最大的电路是__共源电路__，输出电阻最小的电路是__共集电路__。若组成两级放大电路，要求减小从信号源索取的电流，且提高带负载能力，则第一级应采用__共源电路__，第二级应采用__共集电路__。

6. 已知某晶体管电流放大倍数$\beta = 50$，测得该晶体管两个电极的电流大小及方向如图1所示，则该晶体管是__PNP__管，第三个电极的电流大小为__5mA__。

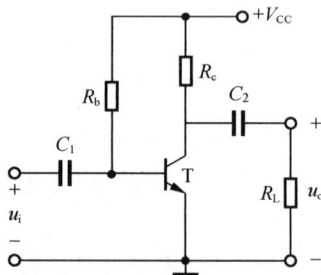

7. 图2所示共射组态电路中，已知晶体管的$\beta = 100$，$h_{ie} = 1k\Omega$，$V_{CC} = 12V$，$R_c = 3k\Omega$。正常工作时，$U_{BEQ} = 0.7V$，若测得静态管压降$U_{CEQ} = 6V$，则$R_b = $__565k\Omega__。若测得$u_i$和$u_o$的有效值分别为1mV和100mV，则负载电阻$R_L = $__1.5k\Omega__。

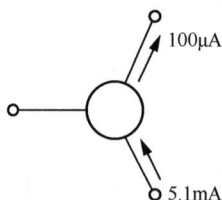

图1　晶体管　　　　　图2　共射组态电路

8. 直流电源电路是由电源变压器、__整流电路__、滤波电路、__稳压电路__组成的。

9. 在采用直接耦合方式模拟的集成放大电路中，对零漂影响最严重的一级是__输入级__，零漂最大的一级是__输出级__。

二、简答题

1. 当信号源电压为正弦波时，根据参数不同，图3（a）所示电路测得的输出波形如图3（b）、图3（c）、图3（d）所示，说明电路分别产生了什么失真？阐述如何消除这些失真。

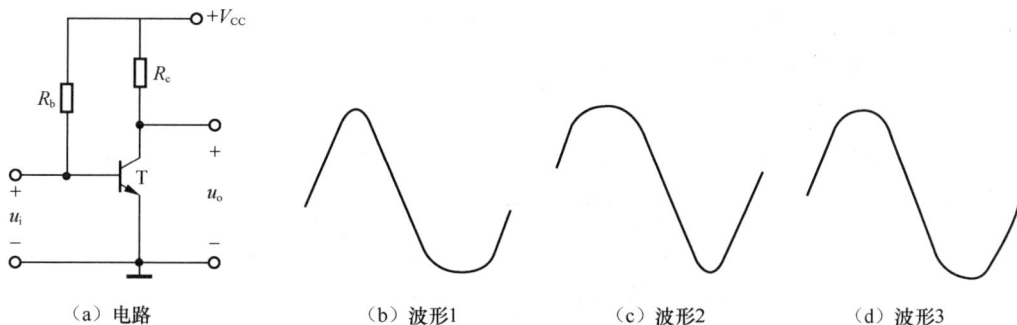

（a）电路　　　　（b）波形1　　　　（c）波形2　　　　（d）波形3

图3　正弦波电路及其输出波形

答：（b）底部失真/饱和失真，增大R_b或减小R_c。

（c）顶部失真/截止失真，减小R_b。

（d）双向失真，增大$+V_{CC}$、减小输入信号幅值。

2. 请简述增益带宽积的概念。若假设某一运算放大器的增益带宽积为1MHz，则该放大器的特征频率为多少？

答：增益带宽积是放大器带宽和带宽增益的乘积，是A_{ud}下降到0dB时所对应的信号频率。该放大器的特征频率为 1MHz。

3. 差分放大电路有什么特点?共模抑制比的定义是什么?双端输出差分放大电路的共模抑制比为多少？

答：差分放大电路结构对称，二极管特性 致，具有放大有用信号、抑制漂移、利于集成的特点。共模抑制比$k_{CMR} = \left| \dfrac{A_{ud}}{A_{uc}} \right|$ 或 $k_{CMR} = 20\log\left| \dfrac{A_{ud}}{A_{uc}} \right|$。双端输出差分放大电路的共模抑制比为无穷大。

4. 在图4所示电路中，运算放大器与二极管均是理想的，$R_1 = R_4 = R_5 = R$。请分析电路输出电压u_o与输入电压u_i的函数关系。

答：当$u_i > 0$时，D_1、D_4导通，D_2、D_3截止，$u_o = u_i$，

当$u_i < 0$时，D_2、D_3导通，D_1、D_4截止，$u_o = -u_i$。

因此，$u_o = |u_1|$。

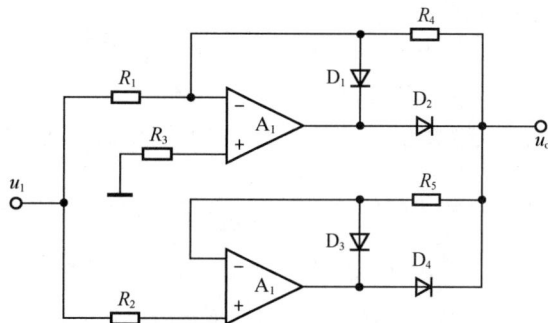

图4　放大电路

三、分析题

1. 级联放大电路电压增益 $A_u(f) = \dfrac{10^4\,\mathrm{j}f}{\left(1 + \mathrm{j}\dfrac{f}{10}\right)\left(1 + \mathrm{j}\dfrac{f}{10^4}\right)\left(1 + \mathrm{j}\dfrac{f}{10^5}\right)\left(1 + \mathrm{j}\dfrac{f}{10^6}\right)}$，试分析。

（1）该级联放大电路的低频截止频率f_l与高频截止频率f_h分别为多少？

（2）画出该放大电路的幅频响应波特图。

（3）在工程应用中，引入负反馈可使放大电路稳定工作。在保证稳定的相位裕量前提下，反馈系数的上限值为多少？

答：（1）低频截止频率$f_1 = 10$，高频截止频率$f_h = 10^4$。（过程略）

（2）该放大电路和幅频响应波特图如图5所示。

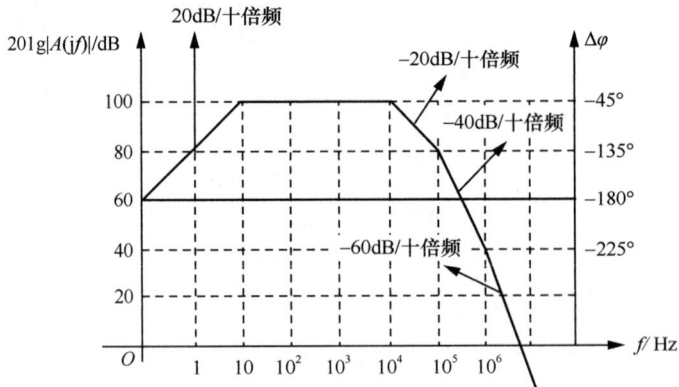

图5　波特图

（3）相位裕量为45°时，$B_{max} = 10^{-4}$。（过程略）

2. 图6所示的多级放大电路工作在室温环境下，其中电源V_{CC}、各个电阻、场效应管T_1的g_m、三极管T_2的h_{fe}和$r_{bb'}$均已知，且场效应管的$r_{ds} = \infty$，请回答下列问题。

（1）已知三极管T_2的I_{CQ}，请给出I_{CQ}及h_{ie}的表达式。

（2）请使用输入电阻法计算级联放大电路的电压增益A_u。

（3）请给出多级放大电路的输入电阻r'_i与输出电阻r'_o的表达式。

（4）为提高电路输入电阻并稳定输出电流，应如何引入负反馈？

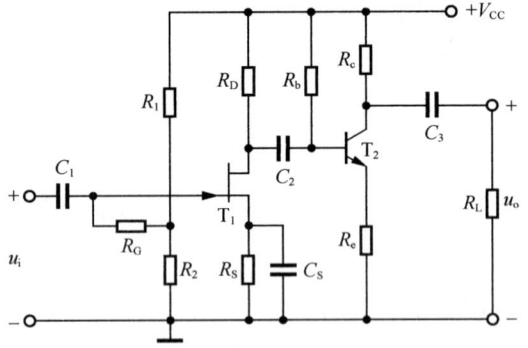

图6　多级放大电路

（5）若引入的负反馈为深度负反馈，请给出级联放大电路的闭环电压增益A_u。

答：（1）$I_{BQ} = \dfrac{V_{CC} - U_{BEQ}}{R_b + (1+\beta)R_e}$，$I_{CQ} = \beta I_{BQ}$，$I_{EQ} = (1+\beta)I_{BQ}$，$h_{ie} = r_{bb'} + (1+\beta)\dfrac{u_i}{I_{EQ}}$。（过程略）

（2）$A_{u1} = -g_m(r_{ds} \mathbin{/\mkern-5mu/} R_D \mathbin{/\mkern-5mu/} R_{i2})$

其中$R_{i2} = R_b \mathbin{/\mkern-5mu/} (h_{ie} + (1+\beta)R_e)$。

$$A_{u2} = -\frac{\beta R'_L}{h_{ie} + (1+\beta)R_e}$$

其中$R'_L = R_c \mathbin{/\mkern-5mu/} R_L$。

则$A_u = A_{u1}A_{u2}$。

（3）输入电阻$r'_i = R_G + R_1 \mathbin{/\mkern-5mu/} R_2$，输出电阻$r'_o = R_c$。（过程略）

（4）引入电流串联负反馈（电路不唯一，只要满足提高电路输入电阻并稳定输出电流的要求即可）后，参考电路如图7所示。

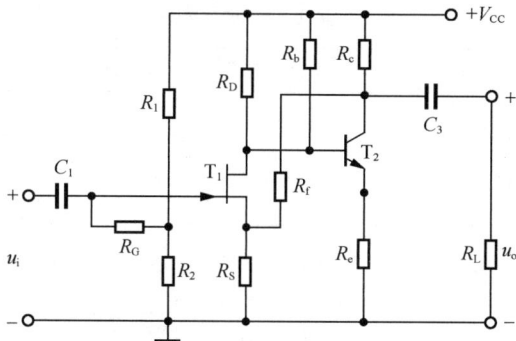

图7　引入电流串联负反馈后的参考电路

（5）反馈系数

$$B_u = \frac{U_f}{U_o} = \frac{R_S}{R_S + R_f}$$

深度负反馈下，有

$$A_u = \frac{U_o}{U_i} \approx \frac{1}{B_u} = 1 + \frac{R_f}{R_S}$$

3. 图8（a）是某运算放大器的电流源电路，图8（b）是某运算放大器的简化输出级电路，试分析以下问题。

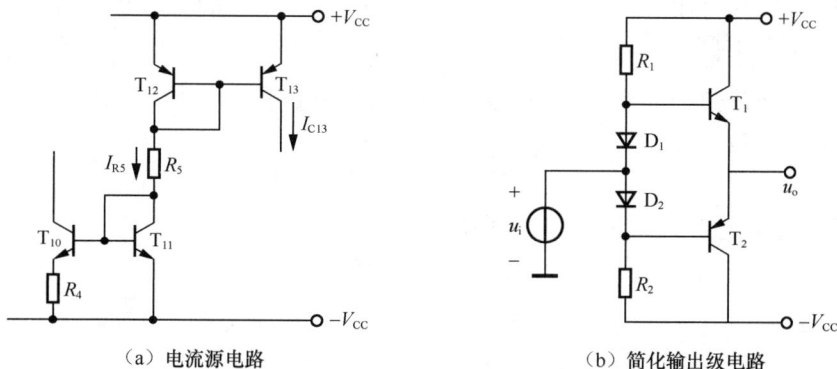

（a）电流源电路　　　　　　　　（b）简化输出级电路

图8　运算放大器

（1）图8（a）中 T_{10} 与 T_{11} 组成何种电流源？已知 T_{12} 与 T_{13} 参数对称，且 β 与 U_{BE} 均相同，请给出流过 R_5 的电流 I_{R5} 以及 T_{13} 集电极输出电流 I_{C13} 的表达式。

（2）图8（b）中的输出级电路是何种功率放大电路？

答：（1）微电流源。$I_{R5} = \dfrac{2(V_{CC} - U_{BE})}{R_5}$，$I_{C13} = \dfrac{I_{R5}}{(1 + 2/\beta)}$。（过程略）

（3）甲乙类功率放大电路。（过程略）

四、综合题

电水壶中的防干烧与防溢出电路可使用根据运算放大器设计的水位检测器实现，如图9所示。图中，传感部分是置于水箱中的两个电极 H 和 L，分别对应高、低两个极限水位。当水面高于电极时，电极导通，否则电极断开，如表1所示。

表1　电极导通情况

水面位置	高水位电极 H	低水位电极 L
低于低水位	断开	断开
高于低水位，低于高水位	断开	导通
高于高水位	导通	导通

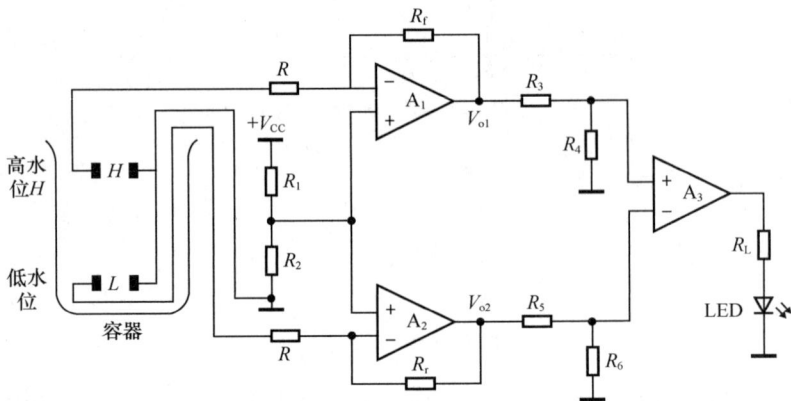

图9　防干烧与防溢出电路

（1）当水面高于低水位且低于高水位时，运算放大器A_1、A_2的输出电压V_{o1}、V_{o2}与电源电压V_{CC}之间的关系分别为何？

（2）若要求水面低于低水位（干烧）或高于高水位（溢出）时LED发光报警，请分析$\dfrac{R_3}{R_4}$与$\dfrac{R_5}{R_6}$之间的关系。

解：解答过程参见第一部分中的习题7.10。

第4套 期末考试试题及参考答案

一、选择题

1. PN结的载流子在___B___的作用下产生漂移运动。
   - A. 浓度差
   - B. 电场
   - C. 梯度
   - D. 温度

2. PN结的载流子在___A___的作用下产生扩散运动。
   - A. 浓度差
   - B. 电场
   - C. 梯度
   - D. 温度

3. 三极管中参与导电的是___C___。
   - A. 多子
   - B. 少子
   - C. 多子和少子
   - D. 多子或少子

4. 结型场效应管中参与导电的是___A___。
   - A. 多子
   - B. 少子
   - C. 多子和少子
   - D. 多子或少子

5. 用作稳压管时，二极管工作在___D___。
   - A. 放大区
   - B. 饱和区
   - C. 反向饱和区
   - D. 反向击穿区

6. 在设计搭建放大电路时，N沟道MOS场效应管的D、S极___A___互换使用。
   - A. 能
   - B. 不能
   - C. 无法判断
   - D. 以上都不对

7. 对于图1中的N沟道MOS场效应管，假如P型衬底与S极接地，U_{GS}之间接正偏电压，U_{DS}之间接反偏电压，则该管___B___正常放大。

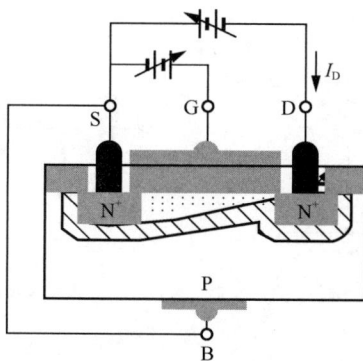

图1 N沟通MOS场效应管

   - A. 能
   - B. 不能
   - C. 无法判断
   - D. 以上都不对

8. 三极管的特征频率f_T点对应的β为___B___。
   - A. $\beta = \dfrac{1}{\sqrt{2}}$
   - B. $\beta = 1$
   - C. $\beta = \sqrt{2}$
   - D. $\beta = 1/2$

9. 为了使高输出电阻的放大电路能够高效率地驱动低输入电阻的负载（或低输入电阻的放大电路），可以在高输出电阻的放大电路与负载之间插入___B___。
   - A. 共射电路
   - B. 共集电路

C. 共基电路　　　　　　　　　　　　D. 任何一种组态的电路

10. 串联负反馈应采用__B__作为信号源输入。
   A. 电流源　　　　　　　　　　　　B. 电压源
   C. 直流稳压电源　　　　　　　　　D. 以上都不是

11. 并联负反馈应采用__A__作为信号源输入。
   A. 电流源　　　　　　　　　　　　B. 电压源
   C. 直流稳压电源　　　　　　　　　D. 以上都不是

12. 多级放大器的通频带与组成它的单级放大器的通频带相比，是变得__B__。
   A. 更宽　　　　B. 更窄　　　　C. 相等　　　　D. 不一定

13. 在线性工作范围内的差分放大电路，只要其__C__足够大，则其差模输出电压的大小只与两个输入端电压的差值成正比，而与两个输入电压本身的大小无关。
   A. 共模电压增益　　　　　　　　　B. 差模电压增益
   C. 共模抑制比　　　　　　　　　　D. 不确定

14. 场效应管的低频跨导g_m__B__。
   A. 是常数　　　　　　　　　　　　B. 与栅源电压有关
   C. 与栅源电压无关　　　　　　　　D. 以上都不对

15. 在模拟集成放大电路中，电流源的主要作用是可以充当__D__。
   A. 整流电路　　　B. 补偿电路　　　C. 滤波电路　　　D. 有源负载

二、简答题

1. 判断下列放大电路能否正常放大，并解释其理由。

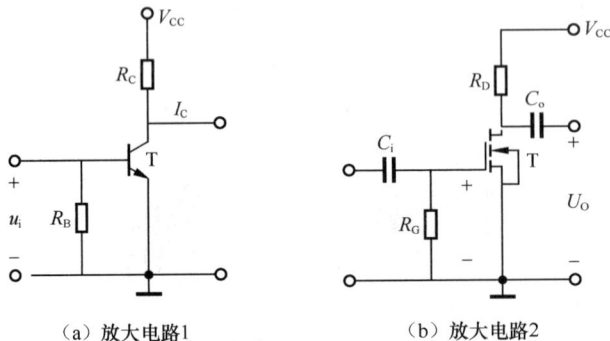

（a）放大电路1　　　　　　　（b）放大电路2

图2　放大电路

答：（a）不能。T的CE极之间的PN结没有直流偏置，不能提供合适的静态工作点。

（b）不能。T是一个N沟道增强型MOS场效应管，开启电压$U_{on} > 0$，要求直流偏置电压$U_{GS} > U_{on}$，而电路中$U_{GS} = 0$，因此不能进行正常放大。

2. 观察图3所示电路及其输出波形，请简述这是什么功能的电路，有哪些基本组成部分，运算放大器工作在哪种状态，生成输出波形的基本工作原理是什么。

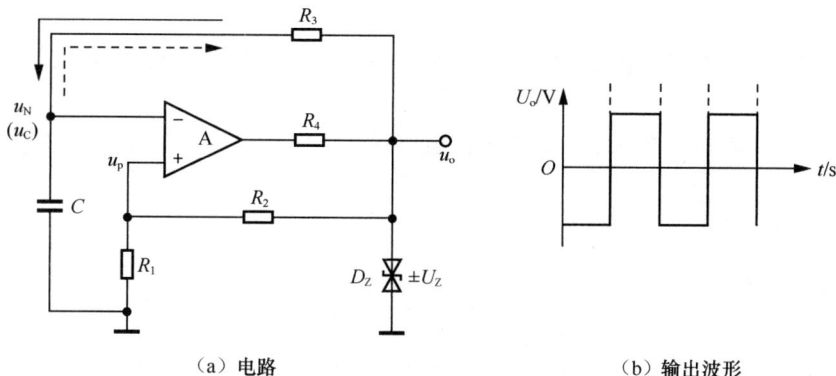

（a）电路　　　　　　　　　　　　　（b）输出波形

图 3　电路及其输出波形

解：

（1）矩形波发生器（方波发生器）。

（2）基本组成部分有电压比较器（或迟滞比较器、滞回比较器）、反馈网络、RC回路/延迟回路。

（3）运算放大器工作在饱和工作状态。

（4）设合闸通电时电容上的电压为0，若u_o大于0，则产生正反馈过程：$u_o\uparrow \rightarrow u_p\uparrow \rightarrow u_o\uparrow\uparrow$，直至$u_o = U_Z$，$u_p = +U_T < U_Z$（由于$R_1$、$R_2$的分压），达到第一暂态。

达到第一暂态过程中及之后，电容正向充电（正反馈达到第一暂态的速度远快于电容充电速度），$t\uparrow \rightarrow u_N\uparrow$（$u_N$会趋向$U_Z$）；当$u_N$开始超越$U_T$时，$u_p < u_N$，输出$u_o$从$+U_Z$跃变为$-U_Z$，$u_p = -U_T$，电路进入第二暂态。

之后电容开始反向充电，$t\uparrow \rightarrow u_N\downarrow$；当$u_N$开始小于$-U_T$，$u_p > u_N$，$u_o$从$-U_Z$跃变为$+U_Z$，$u_p = +U_T$，电路返回第一暂态。

3. 请画出一个能将市电交流电转化为低压直流稳压电的电源基本组成框图，并定性描述该电源各个组成部分的名称及其作用。

解：

电源组成框图如图4所示。

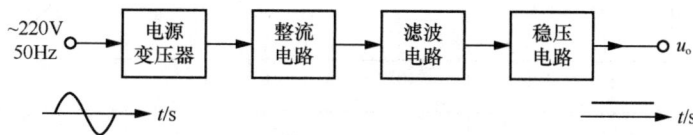

图 4　电源组成框图

直流电源中各组成部分的作用如下。

（1）电源变压器：将电网交流电的电压值降为所需要的值。

（2）整流电路：将交流电变为脉动的直流电。

（3）滤波电路：利用储能元件减小脉动。

（4）稳压电路：确保负载变换、电网电压变化时，输出电压不变。

三、分析题

1. 一个两极点无零点系统，中频开环增益 $A_u = 1\times 10^4$，开环极点对应频率为$f_{p1} = 1\text{MHz}$，

$f_{\text{p2}} = 10\text{MHz}$。

（1）写出此系统的开环增益函数，并在图5所示的坐标网格中画出此系统的幅度和相位的波特图。

（2）在引入纯电阻负反馈网络后，为了使电路稳定工作，计算反馈系数B的最大值。

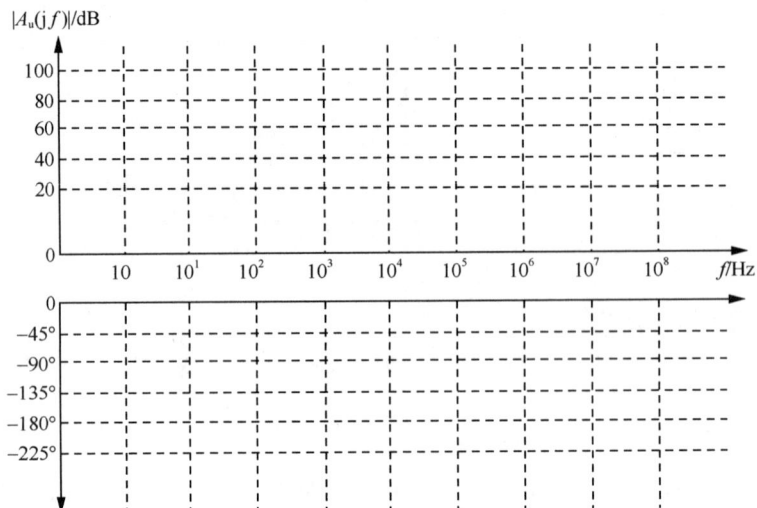

图5 坐标网格

解：（1）$|A(jf)| = \dfrac{1\times10^4}{\left(1+\dfrac{jf}{10^6}\right)\left(1+\dfrac{jf}{10^7}\right)}$。（过程略）

该系统的幅度和相位波特图如图6所示。

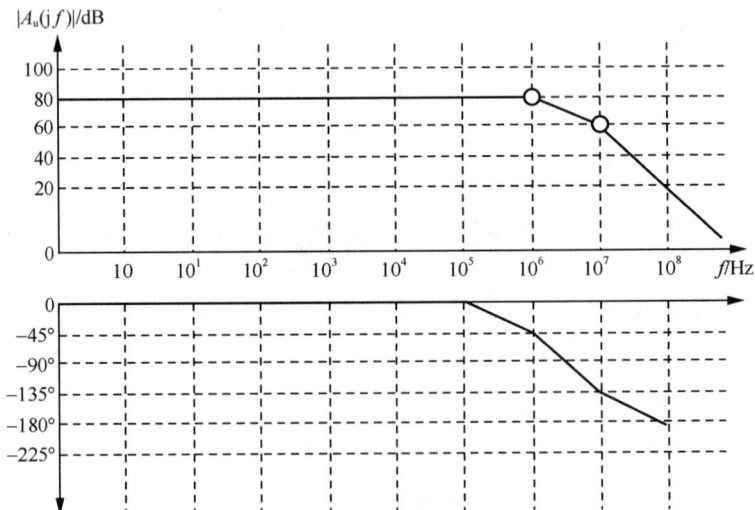

图6 幅度和相位波特图

（2）通过绘制波特图可知，$A(jf)$的相位为−180°时对应的频率是第2个极点频率的10倍频处，此时$f = 100\text{MHz}$，幅度约为

$$|A|=\left|\frac{1\times10^4}{(1+\mathrm{j}\times100)(1+\mathrm{j}10)}\right|=\left|\frac{1\times10^4}{(\sqrt{1+100^2}\sqrt{1+10^2})}\right|\approx\left|\frac{1\times10^4}{100\times\sqrt{101}}\right|=\frac{100}{\sqrt{101}}=9.95$$

为了电路不产生自激振荡，需满足$|AB|<1$，即$|B|<1/|A|=\frac{\sqrt{101}}{100}\approx0.1005$。

2. 恒流源差分放大电路如图7所示。已知$V_{CC}=V_{EE}=5\text{V}$，$R_C=100\text{k}\Omega$，$R_{ee}=10\text{M}\Omega$，恒流源上的电流$I_o=200\mu\text{A}$，晶体管的$\beta=80$，$r_{bb'}=0$。

（1）分析直流静态工作点，求I_{EQ1}、I_{EQ2}、h_{ie}。（提示：直流状态下，恒流源上的电流I_o远大于R_{ee}上的电流I_{ee}）

（2）画出交流小信号等效电路，求双输入单输出的差模电压增益A_{ud}。

（3）求差模（双边）输入电阻R_{id}和差模（单边）输出电阻R_{od}。

解：（1）由于恒流源上的电流远大于I_{ee}，因此可忽略I_{ee}，则有

$$I_{EQ1}=I_{EQ2}=\frac{I_o}{2}=100\mu\text{A}$$

故$h_{ie}=r_{bb'}+(1+\beta)\frac{26}{I_{EQ}}=0+81\times\frac{26\times10^{-3}}{100\times10^{-6}}=21.06\text{k}\Omega$

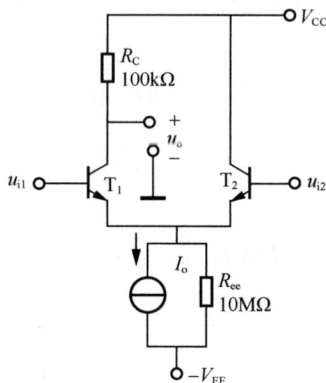

图7　恒流源差分放大电路

（2）交流小信号等效电路如图8所示。

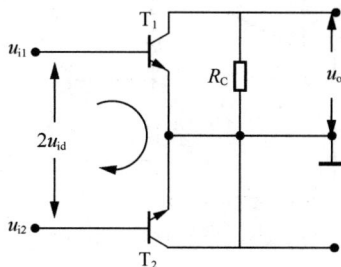

图8　交流小信号等效电路

电路的差模信号为

$$u_{id}=\frac{u_{i1}-u_{i2}}{2}$$

差模电压增益为

$$A_{ud} = \frac{u_o}{2u_{id}} = -\frac{1}{2} \cdot \frac{\beta R_C}{h_{ie}} = -\frac{80 \times 100}{2 \times 21.06} = -189.93$$

（3）差模输入电阻$R_{id} = 2h_{ie}$，差模单输出电阻$R_{od} = R_C$。

3. 图9是一个两级放大电路。

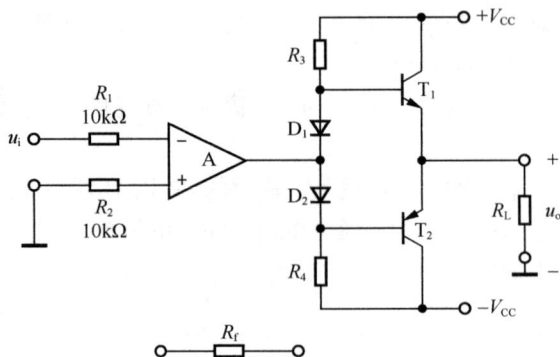

图9 两级放大电路

（1）请说明图中第二级功放的类别，并给出其功率转化效率$\eta = \frac{P_o}{P_{DC}}$，其中$P_o$为输出功率，$P_{DC}$为电源供给的直流功率。

（2）在图上接入反馈回路R_f，使两级放大电路的输入电阻、输出电阻减小。

（3）若接入反馈后$A_u = \left| \frac{U_o}{U_i} \right| = 30$，则$R_f$应取多少k$\Omega$?

解：（1）甲乙（AB）类互补推挽功放电路，$\eta = \frac{P_o}{P_{DC}} = \frac{\pi}{4} = 78.5\%$。（过程略）

（2）应引入电压并联负反馈，如图10所示。

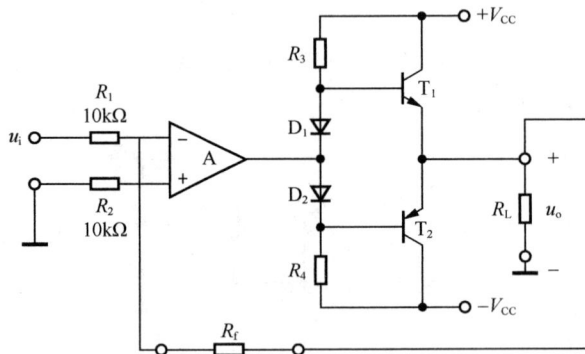

图10 引入电压并联负反馈

（3）由$\frac{U_o}{U_i} = -\frac{R_f}{R_1} = -30$可知$R_f = 30R_1 = 300k\Omega$

4. 如图11所示，R_1是一个阻值会随外部物理变化而产生微小变化的可变电阻。

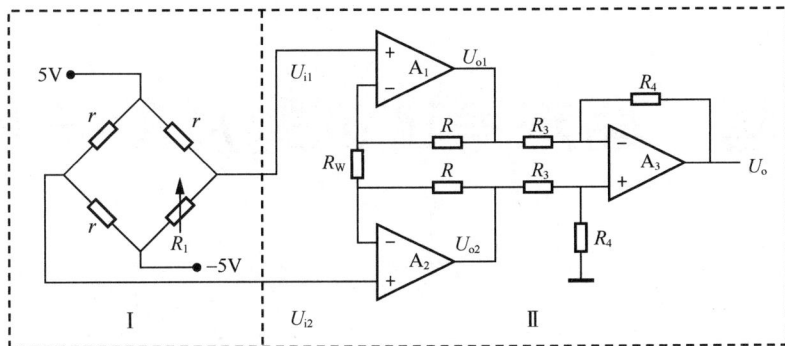

图 11　电路

（1）此系统是一个具有什么功能的电路？它的第 Ⅰ 、Ⅱ级各由什么电路组成？

（2）求总电压增益 $\dfrac{U_o}{(U_{i1}-U_{i2})}$ 。

（3）设图中所有运算放大器 A_1、A_2、A_3 的电源电压均为 $\pm U_{CC} = \pm 15V$，运算放大器的最大线性输出电压范围是 $\pm(U_{CC}-1.5)V$。试计算使 A_3 输出信号不失真时 $(U_{i1}-U_{i2})$ 的最大变化范围。

解：（1）测量放大电路/传感放大电路，第 Ⅰ 级为电桥，第 Ⅱ 级为测量放大器/比较器电路。

（2）把运放电路分为前后两级分析，运放3为减法器，$U_o = -\dfrac{R_4}{R_3}(U_{o1}-U_{o2})$；对于运放1、2，利用 R_W 上的电流关系以及运放同向反相端之间电位近似相同（虚短）的特征，U_{i1}、U_{i2} 分别等于 R_W 上下端的电位，有

$$i_{RW} = \frac{(U_{i1}-U_{i2})}{R_W} = \frac{(U_{o1}-U_{o2})}{R_W+2R}$$

整理得

$$\frac{U_{o1}-U_{o2}}{U_{i1}-U_{i2}} = 1+\frac{2R}{R_W}$$

即 $U_o/(U_{i1}-U_{i2}) = -\dfrac{R_4}{R_3}\left(1+\dfrac{2R}{R_W}\right)$

（3）由于 U_o 的上下限为 $\pm(U_{CC}-15)V$，因此电桥输出即 $(U_{i1}-U_{i2})$ 的最大范围

$$|U_{i1}-U_{i2}| \leqslant \frac{R_3}{R_4}\frac{(U_{CC}-1.5)}{1+\dfrac{2R}{R_W}}$$

第5套　期末考试试题及参考答案

一、选择题

1. 在无外电场作用时，PN结的载流子在 __A__ 的作用下产生扩散运动。
   A. 浓度差　　　　　　B. 内电场　　　　　　C. 梯度　　　　　　D. 温度

2. 在无外电场作用时，PN结的载流子在 __B__ 的作用下产生漂移运动。
   A. 浓度差　　　　　　B. 内电场　　　　　　C. 梯度　　　　　　D. 温度

3. PN结电容包括 __D__。
   A. 扩散电容和旁路电容　　　　　　　　　　B. 耦合电容和旁路电容
   C. 势垒电容和耦合电容　　　　　　　　　　D. 势垒电容和扩散电容

4. 当外界温度升高时，三极管的β将 __A__。
   A. 增大　　　　　　　B. 减小　　　　　　　C. 不变　　　　　　D. 随机变化

5. 当外界温度降低时，若u_{BE}不变，三极管的i_B将 __B__。
   A. 增大　　　　　　　B. 减小　　　　　　　C. 不变　　　　　　D. 随机变化

6. 对于由NPN型三极管组成的基本共射放大电路，当输入电压为余弦信号时，如果发生截止失真，则集电极电流i_C的波形将 __B__。
   A. 正半波削波　　　　B. 负半波削波　　　　C. 双向削波　　　　D. 不削波

7. 对于由NPN型三极管组成的基本共射放大电路，当输入电压为余弦信号时，如果发生截止失真，输出电压u_o的波形将 __A__。
   A. 正半波削波　　　　B. 负半波削波　　　　C. 双向削波　　　　D. 不削波

8. 场效应管是用 __C__ 控制漏极电流的。
   A. 栅源电流　　　　　B. 漏源电流　　　　　C. 栅源电压　　　　D. 漏源电压

9. 增强型N沟道MOS场效应管的开启电压$U_{GS,th}$ __A__。
   A. 大于同0　　　　　B. 小于0　　　　　　C. 等于0　　　　　D. 不确定

10. N沟道结型场效应管的截止电压$U_{GS,off}$ __B__。
    A. 大于0　　　　　　B. 小于0　　　　　　C. 等于0　　　　　D. 不确定

11. 共射截频 f_β 为共射电流放大系数对应的截止频率，共基截频 f_α 为共基电流放大系数对应的截止频率，特征频率 f_T 为 $|\beta(f)|=1$ 时对应的截止频率，三者的关系为 __C__。
    A. $f_\alpha \ll f_T < f_\beta$　　B. $f_T \ll f_\beta < f_\alpha$　　C. $f_\beta \ll f_T < f_\alpha$　　D. $f_\beta \ll f_\alpha < f_T$

12. 放大器展宽带宽的方法不包括以下哪一项？ __B__。
    A. 补偿电路法　　　B. 组合差分法　　　C. 负反馈法　　　D. 组合电路法

13. 共射-共基组合电路高频特性好于共射电路的原因是 __A__。
    A. 共基电路输入电阻小　　　　　　　　　B. 共射电路电压增益高
    C. 共射电路电流增益高　　　　　　　　　D. 共基电路输出电阻高

14. 在输入量不变的情况下，若引入反馈后__D__，则说明引入的是负反馈。

    A．输入电阻增大　　　　B．输出量增大　　　C．净输入量增大　　　D．净输入量减小

15. 放大电路中引入负反馈可以起到__A__作用。

    A．改善非线性失真　　　　　　　　　B．消除非线性失真

    C．增大非线性失真　　　　　　　　　D．以上都不是

16. 有源负载的共源MOS放大器常见的电路形式不包括__B__。

    A．E/E型NMOS放大电路　　　　　　B．D/D型NMOS放大电路

    C．CMOS有源负载放大电路　　　　　D．CMOS互补放大电路

17. 差分放大电路由双端输出改为单端输出后，共模抑制比减小的原因是__C__。

    A．A_{ud}不变，A_{uc}增大　　　　　　　B．A_{ud}减小，A_{uc}不变

    C．A_{ud}减小，A_{uc}增大　　　　　　　D．A_{ud}增大，A_{uc}减小

18. 理想运算放大器工作在线性状态时，"虚短"和"虚断"特性为__B__。

    A．$U_+ = U_- \approx 0$，$I_+ = I_- \approx 0$　　　　B．$U_+ = U_-$，$I_+ = I_- \approx 0$

    C．$U_+ = U_- \approx \infty$，$I_+ = I_-$　　　　　D．$U_+ = U_-$，$I_+ = I_-$

19. 由于稳压管的功率较小，且稳压管稳压电路的稳定电压是由稳压管的稳压值决定的，所以稳压管稳压电路仅适合__D__的场合。

    A．电压和负载电流较大　　　　　　　B．电压较小且变化不大、负载电流固定不变

    C．电压固定不变、负载电流较大　　　D．电压固定不变、负载电流较小且变化不大

20. 桥式整流电容滤波电路如图1所示，如果图中 D_1、D_2 的极性都接反，该电路中的整流桥输出将会出现__D__。

    A．交流电源的正半周与负半周均导通

    B．交流电源的正半周导通，负半周截止

    C．交流电源的正半周截止，负半周导通

    D．交流电源的正半周与负半周均截止

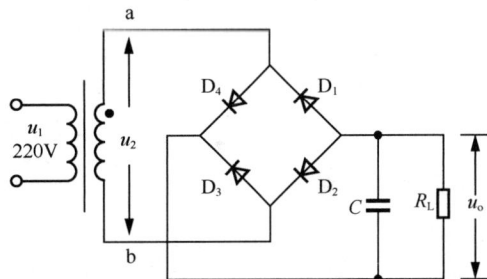

图 1　桥式整流电容滤波电路

二、简答题

1. 判断图2所示的放大电路能否正常放大，并解释其理由。若电路可以正常放大，请给出该电路交流放大倍数的表达式。

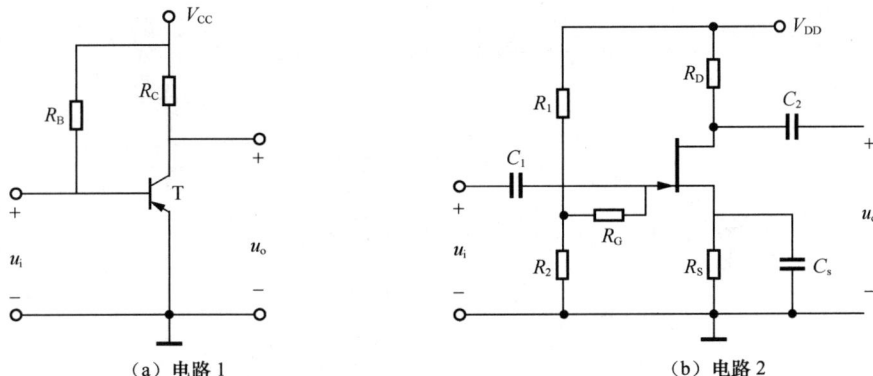

（a）电路 1　　　　　　　　　　　　（b）电路 2

图 2　放大电路

解：（a）不能。电路中的T是PNP型三极管，电源V_{CC}使发射结反偏，不能提供合适的静态工作点保证放大电路工作在放大区。

（b）能。T是一个N沟道结型场效应管，图2（b）属于改进型自给偏置电路，其中$U_{GS}>0$，电路可以正常放大。

交流放大倍数的表达式为$A_u=-g_m(r_{ds}//R_D//R_L)$。

2. 观察图3所示电路，回答以下问题。

（1）描述该电路的功能与组成部分。

（2）根据u_C波形图，画出电路中u_o波形的示意图。

（3）若要使该电路输出占空比可调的矩形波，试画出改进后的电路，并说明输出矩形波的占空比是如何改变的。

解：（1）该电路是矩形波发生器（方波发生器），基本组成部分有电压比较器（或迟滞比较器、滞回比较器）、反馈网络、RC回路/延迟回路。

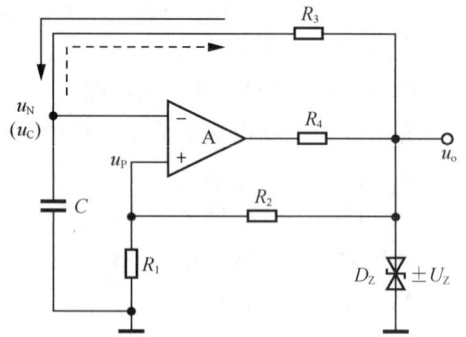

图3 电路及其输出波形

（2）u_o波形的示意图如图4所示。

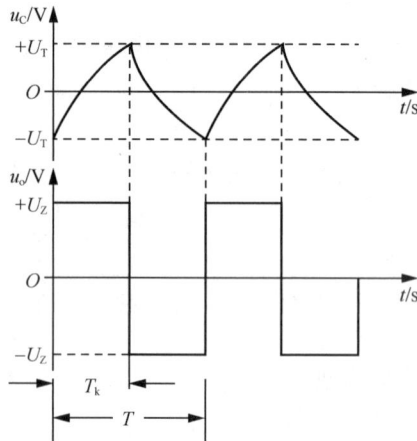

图4 u_o波形的示意图

（3）可以通过调节R_W来改变电路充放电的时间常数（RC常数），从而改变输出矩形波的占空比。改进后的电路如图5所示。

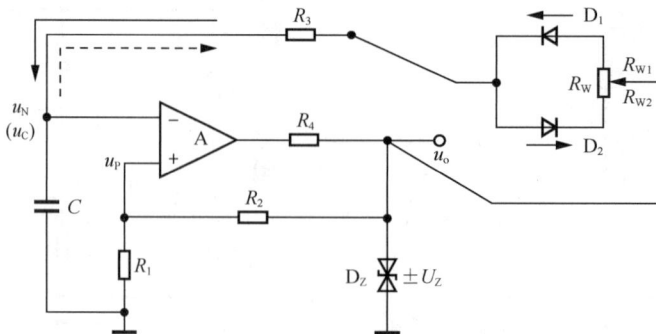

图5 改进后的电路

三、分析题

1. 假设一单管共射放大电路的中频开环增益 $A_u = 1 \times 10^5$。

（1）若该电路开环极点对应频率为 $f_{p1} = 10^4 \text{Hz}$，$f_{p2} = 10^5 \text{Hz}$，写出该电路的开环增益函数，并画出幅频特性与相频特性的波特图。

（2）引入负反馈后，若要保证该系统稳定，求反馈系数B的最大值。

解：（1）开环增益函数为

$$A_u(\mathrm{j}f) = \frac{10^5}{\left(1 + \mathrm{j}\dfrac{f}{10^4}\right)\left(1 + \mathrm{j}\dfrac{f}{10^5}\right)}$$

幅频特性与相频特性的波特图如图6所示。

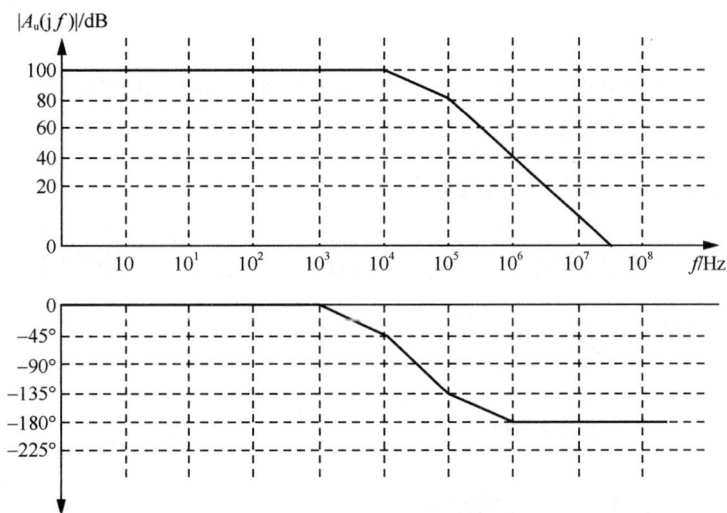

图 6　幅频特性与相频特性的波特图

（2）$A_u(\mathrm{j}f)$ 的相位翻转180°是在第二极点的10倍频处，即 $f_c = 10^6 \text{Hz}$，此时系统增益为40dB。引入负反馈后，为了使系统稳定，不产生自激振荡，系统在 f_c 处应满足 $20\lg\left|A_u(\mathrm{j}f_c)B_u(\mathrm{j}f_c)\right| < 0$，即 $20\lg\left|1/B_u(\mathrm{j}f_c)\right| > 20\lg\left|A_u(\mathrm{j}f_c)\right| = 40\text{dB}$。

整理得

$$\left|1/B_u(\mathrm{j}f_c)\right| < 10^{-2}$$

因此，为保证系统稳定，临界的反馈系数 $B_{\max} = 1/100 = 0.01$。

2. 图7是一个放大电路，三极管 T_1 与 T_2 的电流增益为 β。

（1）请说明电路的各组成部分，并说明其功能。

（2）写出 I_o 的表达式。

（3）写出 T_1 与 T_2 的静态工作点以及 I_{EQ1}、I_{EQ2}、h_{ie} 的表达式。

（4）在双端输入为 u_{11} 与 u_{12} 时，写出差模信号的表达式；在双端输入、单端输出时，写出电压增益的表达式。

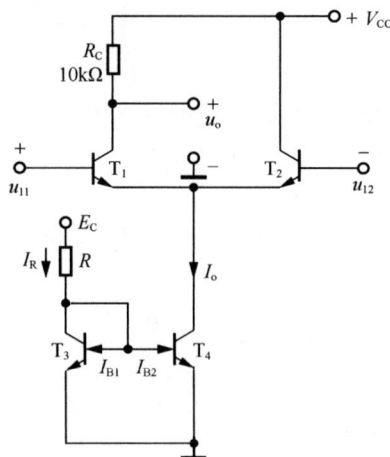

图7　放大电路1

解：（1）该电路包括差分放大电路、镜像恒流源电路。镜像恒流源电路的作用是为差分放大电路提供直流偏置，同时作为有源负载。

（2）$I_o = I_C \approx I_R = \dfrac{E_C - U_{BE}}{R}$。（过程略）

（3）T_1和T_2的静态工作点分别为I_{EQ1}和I_{EQ2}，且有$I_{EQ1} = I_{EQ2} = \dfrac{I_o}{2}$。（过程略）

$h_{ie} = r_{bb'} + (1+\beta)\dfrac{26}{I_{EQ}}$。（过程略）

（4）在双端输入时，电路的差模输入为$u_{id} = \dfrac{u_{i1} - u_{i2}}{2}$。（过程略）

在双端输入、单端输出时，电压增益为$A_{ud} = \dfrac{u_o}{2u_{id}} = -\dfrac{1}{2} \times \dfrac{\beta R_C}{h_{ie}}$。（过程略）

3. 图8为一放大电路，其中$V_{CC} = 18\text{V}$，$R_1 = 1\text{k}\Omega$，$R_L = 8\Omega$，T_1和T_2的饱和管压降 $|U_{CES}| = 2\text{V}$，直流功耗可忽略不计。

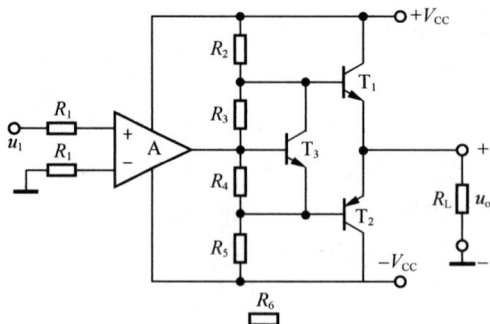

图8　放大电路2

（1）请说明图中第二级功放的类型，并说明R_3、R_4、T_3的作用是什么。

（2）试求负载R_L上可能获得的最大输出功率P_{om}和电路的转换效率η。

（3）为了稳定输出电压，增大输入电阻，减小非线性失真，请在图8所示电路中引入合适的反馈电阻R_6，并说明引入的负反馈类型。

（4）设最大输入电压的有效值为1V。为了使电路的最大不失真输出电压的峰值达到16V，在深度负反馈的情况下，反馈电阻R_6应取多少？

解：（1）第二级功放为甲乙类功放电路，R_3、R_4、T_3的作用是消除交越失真。

（2）最大输出功率为

$$P_{om} = \frac{(V_{CC} - U_{CES})^2}{2R_L} = 16W$$

电路的转换效率为

$$\eta = \frac{P_{om}}{P_{DC}} = \frac{(V_{CC} - U_{CES})^2}{2R_L} \times \frac{\pi R_L}{2V_{CC}(V_{CC} - U_{CES})} = \frac{\pi}{4} \cdot \frac{V_{CC} - U_{CES}}{V_{CC}} \approx 69.8\%$$

（3）引入的负反馈类型是电压串联负反馈，电路图如图9所示。

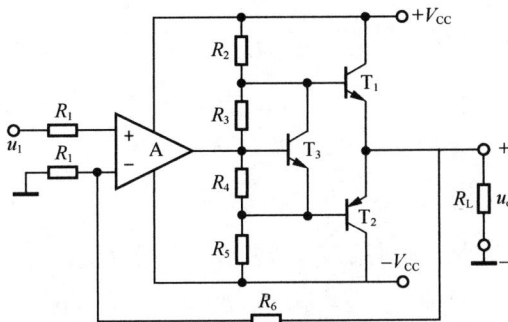

图9　引入电压串联负反馈

（4）在深度负反馈的情况下，有

$$A_{uf} = \frac{1}{B_u}$$

$$B_u = \frac{R_1}{R_1 + R_6}$$

$$A_u = 1 + \frac{R_6}{R_1} = \frac{U_{omax}}{\sqrt{2}U_i} \approx 11.3$$

因为$R_1 = 1k\Omega$，所以R_6应该取10.3$k\Omega$。

4.由理想运算放大器所构成的电路如图10所示。

（1）分析图中的理想运算放大器工作在什么状态。

（2）试写出电流I_1、I_2、I_f、I_{Z1}之间的关系。

（3）试写出电压U_M与U_o之间的关系。

（4）在实际的电路中，我们可以根据电抗原件的不同属性，利用运算放大器组成不同功能的电路。在图10中，如果Z_1、Z_2为电容器件，Z_3、Z_4、Z_5为电阻器件，试分析电路的传递函数，并分析该电路的功能。

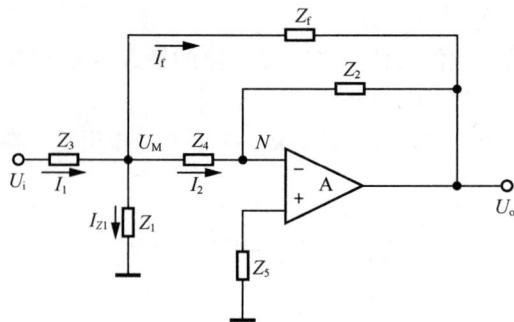

图 10　放大电路 3

解：（1）理想运算放大器工作在线性状态，因为存在负反馈回路，无正反馈回路。

（2）$I_1 = I_f + I_2 + I_{Z1}$。（过程略）

（3）由虚地特性可得

$$U_N = U_+ = 0$$

$$\frac{U_M}{Z_4} = \frac{-U_o}{Z_2}$$

$$U_o = -\frac{Z_2}{Z_4} \cdot U_M$$

（4）如果Z_1与Z_2为电容器件，则可用C_1与C_2表示，根据电流关系，可得

$$\frac{\dot{U}_i - U_M}{Z_3} = \frac{U_M - \dot{U}_o}{Z_f} + \frac{U_M - 0}{Z_4} + \frac{U_M - 0}{1/j\omega C_1}$$

$$\dot{U}_o = -\frac{U_M}{j\omega Z_4 C_2}$$

联立方程得到

$$\frac{\dot{U}_o}{\dot{U}_i} = -\frac{Z_f}{Z_3} \cdot \frac{1}{1 + j\omega C_2 Z_4 Z_f(1/Z_3 + 1/Z_4 + 1/Z_f) + (j\omega)^2 C_1 C_2 Z_4 Z_f}$$

该电路为滤波电路，是二阶低通滤波电路（若学生回答是积分电路，可酌情给分）。

3

第三部分

硕士研究生入学
考试真题及解题
分析

3.1 半导体器件基础试题

试题1（中国科学技术大学）

理想二极管电路如试题1图所示，分析电路并画出电路的电压传输曲线 $(U_o \sim U_i)$。

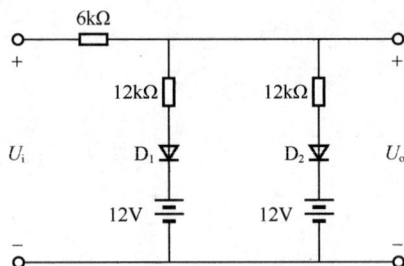

试题 1 图　理想二极管电路

考核知识点及解题分析

本题考核的知识点是晶体二极管的应用。根据不同的输入电压，电路中两个二极管的导通情况各不相同，从而对应不同的输出电压。

可以按照输入电压从小到大的思路进行分析。

（1）当输入 U_i 非常小（$U_i < 12V$）时，两个二极管均截止，此时输出 $U_o = U_i$；

（2）当 $U_i \geqslant 12V$ 时，两个二极管均导通，此时输入、输出关系为

$$\frac{U_i - U_o}{6} = \frac{U_o - 12}{12} + \frac{U_o - 12}{12}$$

整理输入与输出的关系表达式，即可画出电压传输曲线 $(U_o \sim U_i)$。

试题2（华南理工大学）

理想二极管电路如试题2图所示，通过分析确定图中 D_1、D_2 是否导通。

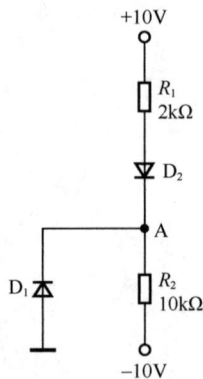

试题 2 图　理想二极管

考核知识点及解题分析

本题考核的知识点是晶体二极管的应用。

如果电路中只有一个二极管，判断二极管在电路中工作状态的方法是先假设二极管断开，分别计算二极管两极的电压；定义阳极与阴极间电压为正向电压，如果正向电压大于二极管导通电

压，则说明二极管导通，否则截止。

如果电路中有两个以上的二极管，则假设将二极管全部断开，然后分析计算每个二极管的正向电压，正向电压最大者优先导通，其两端电压为导通电压；然后将其他二极管全部断开，再依次分析计算剩余二极管的正向电压，确定电压最大者导通；重复该过程，直至分析出全部二极管的工作状态。

本题的分析结果是D_1截止，D_2导通。

试题3（东南大学）

试题3图所示为稳压电路，已知稳压管的$I_{Zmax}= 20A$，$I_{Zmin}= 5mA$，$r_Z = 10\Omega$，$U_Z = 6V$，负载电阻的最大值$R_{Lmax}= 10k\Omega$。

（1）确定R。

（2）确定电路中允许的最小R_L。

（3）如$R_L = 1k\Omega$，当U_i增加1V时，求ΔU_o的值。

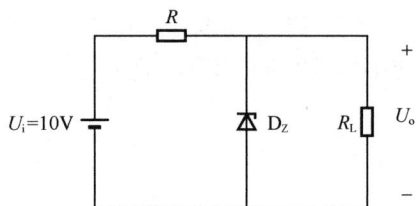

试题 3 图 稳压电路

考核知识点及解题分析

本题考核的知识点是晶体二极管的应用。电路中的稳压二极管是一种特殊二极管。

试题3图是典型的稳压管稳压电路，依照主教材第9章，可知限流电阻R取值应在一定的范围内，即满足

$$\frac{U_{imax} - U_Z}{I_{ZM} + I_{Lmin}} \leqslant R \leqslant \frac{U_{imin} - U_Z}{I_Z + I_{Lmax}}$$

在稳压工作状态下，负载R_L最大时负载上的输出电流最小，负载R_L最小时负载上的输出电流最大。

本题给出了稳压管击穿时（即工作在稳压状态时）的电阻$r_Z = 10\Omega$，其等效电路如试题3解图1所示。

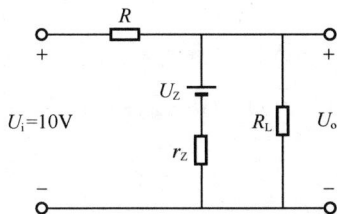

试题 3 解图 1 等效电路图

（1）第（1）问并不是计算R的范围，而是根据题目给出的已知条件，确定R的值。

依据稳压电路的工作原理，当输入为10V、负载电阻最大（$R_{Lmax}=10k\Omega$）时，稳压管电流最小（稳压管在反向击穿状态时电流最小），这样当输入U_i不变时，流过限流电阻R的电流I_R稳定，输出电压$U_o = U_i - I_R R$稳定。故输入回路的电压方程为

$$6 + I_{Zmax}r_Z + \left(I_{Zmax} + \frac{6 + I_{Zmax}r_Z}{R_L}\right)R = 10$$

解得R。

（2）当输入为10V、负载R_L最小（R_{Lmin}）时，在稳压状态下流经负载的电流最大。依据稳压

电路的工作原理，此时稳压管电流最小，流过限流电阻R的电流I_R稳定，输出电压$U_o = U_i - I_R R$稳定。故回路节点的电流方程为

$$I_{\text{Lmax}} = \frac{10 - (6 + I_{\text{Zmin}} r_Z)}{R} - I_{\text{Zmin}}$$

由此得

$$R_{\text{Lmin}} = \frac{6}{I_{\text{Lmax}}}$$

（3）第（3）问要求计算当U_i增加1V时ΔU_o的值，属于微变信号电路性能分析。该电路的微变小信号等效电路如试题3解图2所示。

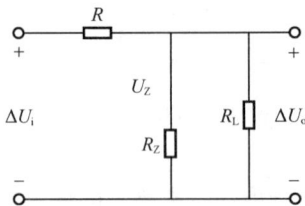

试题 3 解图 2　电路的微变小信号等效电路

若$R_L = 1\text{k}\Omega$，当U_i增加1V时，即$\Delta U_i = 1\text{V}$，输出微变为

$$\Delta U_o = \frac{r_Z \,//\, R_{\text{Lmin}}}{R + r_Z \,//\, R_{\text{Lmin}}} \Delta U_i$$

3.2 基本放大电路试题

试题4（清华大学）

试题4图是一个分相器电路，设晶体管的$\beta = 200$，$U_{\text{BEQ}} = 0.8\text{V}$，$r_{bb'} = 50\Omega$，输入信号$u_s = \sin(2\pi \times 10^3 t)\text{V}$，各电容对信号可视为短路。

（1）晶体管的静态工作点$I_{\text{CQ}} \approx$_____mA，$U_{\text{CEQ}} \approx$_____V。

（2）当两输出端开路时，输出电压U_{o1}的幅度$U_{\text{om1}} \approx$_____V，U_{o2}的幅度$U_{\text{om2}} \approx$_____V。

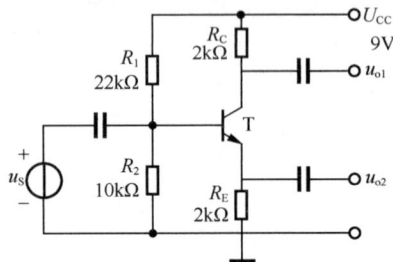

试题 4 图　分相器电路

（3）当负载电阻$R_L = 2\text{k}\Omega$接在集电极输出端（射极输出端开路）时，$U_{\text{om1}} \approx$_____V，$U_{\text{om2}} \approx$_____V。当负载电阻$R_L = 2\text{k}\Omega$接在发射极输出端（集电极输出端开路）时，$U_{\text{om1}} \approx$_____V，$U_{\text{om2}} \approx$_____V。

考核知识点及解题分析

本题考核的知识点是CE、CC组态放大电路的分析方法。

分析晶体管静态工作点时，需要画出直流通路，其计算过程与教材例题相同，此处不再赘述。

输入$u_s = \sin(2\pi \times 10^3 t)\text{V}$是交流信号，此时为动态分析，首先要画出交流通路；然后利用三

极管的低频小信号模型画出电路的低频小信号等效电路图；最后按照题目要求分别计算CC组态和CE组态放大电路的电压增益，输出就是电压增益与输入信号的乘积。

试题5（北京航空航天大学）

设试题5图中三极管T的$\beta = 100$，$r_{bb'} = 100\Omega$，$U_{BEQ} = 0.7V$；C_1、C_2、C_3对交流信号可视为短路，$R_s = 600\Omega$。

（1）计算静态工作点Q（U_{CEQ}和I_{CQ}）。

（2）画出交流通路及交流小信号低频等效电路。

（3）求输入电阻R_i。

（4）求输出电阻R_o。

（5）求电压增益和$A_u = U_o/U_i$和$A_{us} = U_o/U_s$。

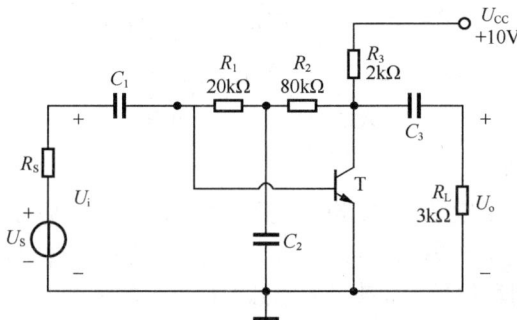

试题 5 图　CE 组态放大电路

考核知识点及解题分析

本题考核的知识点是CE组态放大电路的分析方法，含静态分析和动态分析。

（1）静态分析首先要画出直流通路，然后依照先计算输入回路电流再计算输出回路电流的方法计算静态电流。由于三极管是电流控制器件，因此其共射CE组态放大电路的电流增益β和共基CB组态放大电路的电流增益α是确定的，这样利用已知的电流增益α或β，即可计算输出回路的电流。最后根据输出回路计算U_{CEQ}。

（2）动态分析首先要画出交流通路，然后利用三极管的低频小信号模型（即h参数模型）画出放大电路的低频小信号模型等效电路。由于三极管是电流控制器件，因此在计算放大电路的输入电阻、输出电阻和电压增益时是有规律可循的。如在分析$A_u = U_o/U_i$时，虽然知道对于具体的电路A_u是确定值，但是放大电路在工作过程中的输入U_i、输出U_o是一个随机变量，如何利用随机输入和输出电压表达式经过推导分析得到确定的A_u呢？其经验之一就是将随机输入信号U_i、输出U_o分别整理为输入回路的电流i_b、输出回路的电流i_c的线性表达式，即

$$U_i = f_i(i_b), \quad U_o = f_o(i_c)。$$由于三极管CE组态放大电路的电流增益β是晶体管的固有特性，$\beta = \dfrac{i_c}{i_b}$，

故在分析电压增益时可把$A_u = \dfrac{U_o}{U_i}$的分子和分母表达式中的电流项约掉，得到电压增益表达式并计算出具体数值。

在分析输入电阻和输出电阻时可采取上述同样的思路。

试题6（哈尔滨工业大学）

基本放大电路如试题6图所示，试回答下列问题。

（1）请问这是何种组态的基本放大电路（共射、共集、共基）？

（2）计算放大电路的静态工作点。

（3）画出微变等效电路。

（4）计算放大电路的动态参数A_u、R_i和R_o。

（5）若观察到输出信号出现了底部失真，请问应该如何调整R_B才能消除失真？

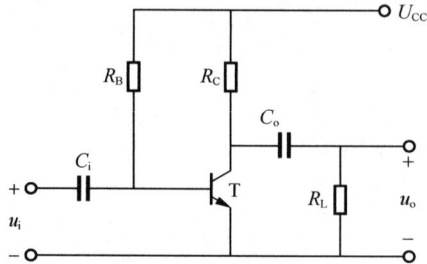

试题 6 图　基本放大电路

考核知识点及解题分析

本题考核的知识点是CE组态放大电路的分析，含静态分析和动态分析。

本题的静态分析和动态分析方法不再赘述，主要分析电路失真的解决方案。

在假设输入为双极性对称信号（如典型的余弦波信号）的情况下，放大电路的静态工作点与其输出范围密切相关。当放大电路产生饱和失真、截止失真时，可以通过调整静态工作点解决。静态工作点Q的最佳位置是交流负载线的中间位置。如果静态工作点已经在放大区的中间位置，依然产生双向失真，则需要调整放大电路的增益或输入信号的范围，使其能够工作在放大电路的放大区。

对于CE组态的放大电路，输出电压信号底部失真是由于晶体管工作在饱和状态，属于饱和失真；顶部失真是由于晶体管工作在截止状态，属于截止失真。分析过程如试题6解图1、试题6解图2所示。

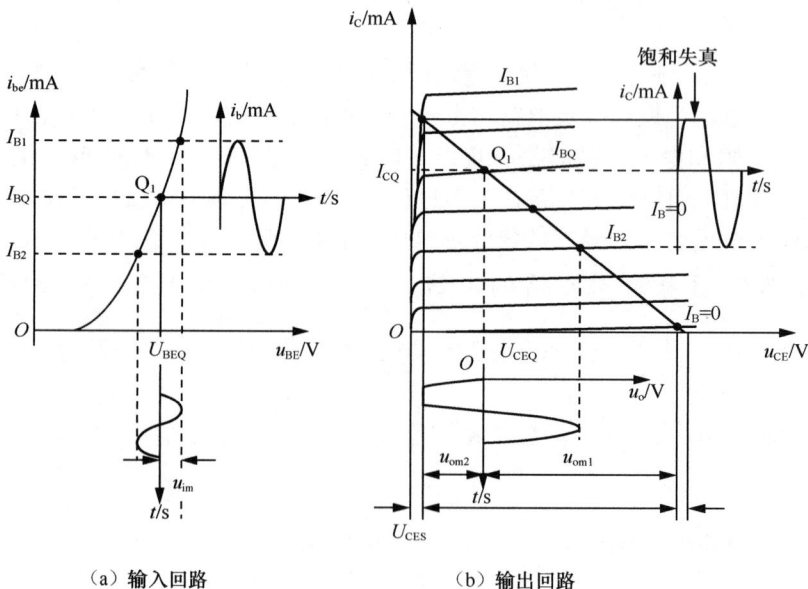

（a）输入回路　　　　（b）输出回路

试题 6 解图 1　饱和失真

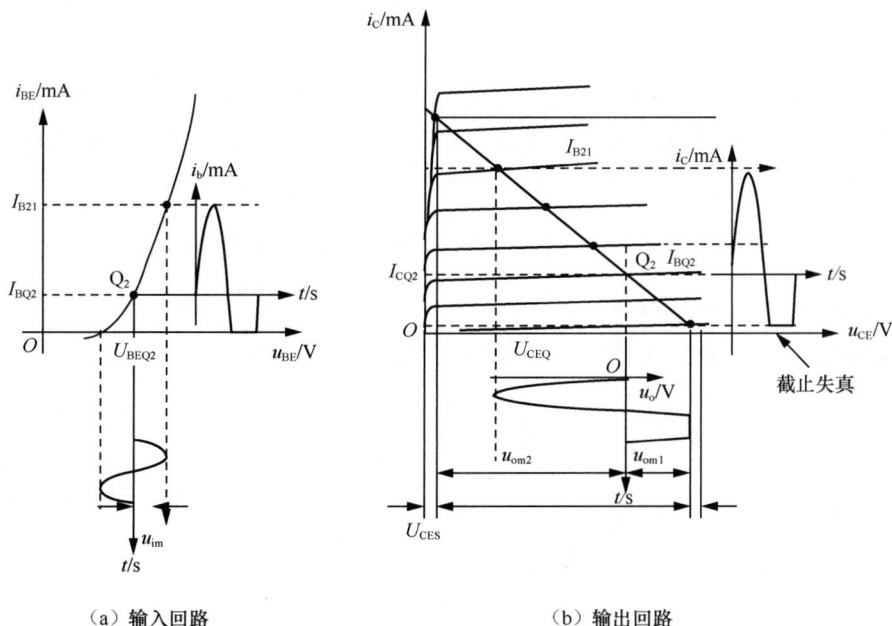

（a）输入回路　　　　　　　　　　（b）输出回路

试题6解图2　截止失真

试题7（复旦大学）

放大电路如试题7图所示，其中三极管 $\beta = 80$ ， $U_{BE} = 0.7V$ 。

（1）计算静态工作电流 I_{CEQ} 及 U_{CEQ}。

（2）画出交流小信号等效电路图，计算该电路的输入阻抗 R_i 及中频电压增益 $A_u = \dfrac{U_o}{U_s}$ 。

（3）分析该电路的低频特性，计算放大器的低半功率点。

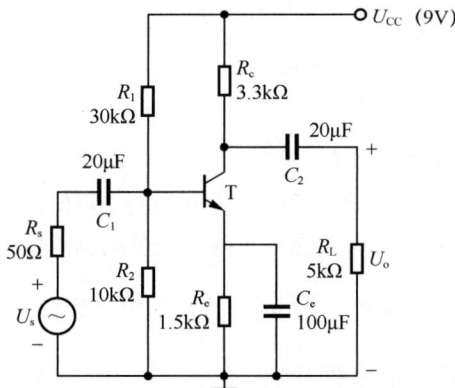

试题7图　放大电路

本题考核的知识点是CE组态放大电路的性能及其低频性能的分析方法。

（1）依照主教材介绍的方法画出电路的直流通路，然后计算静态工作电流 I_{CQ} 及 U_{CEQ}。

（2）电路要求计算中频电压增益，此时使用三极管 h 参数模型，电路中的耦合电容和旁路电容均可以认为短路；画出放大电路的交流小信号等效电路，由此计算考虑信号源内阻时的电压增

益 $A_{\mathrm{u}} = \dfrac{U_{\mathrm{o}}}{U_{\mathrm{s}}}$。

（3）在分析电路的低频特性时，电路中的耦合电容和旁路电容的容抗对于电路的影响不能忽略，分析的时候需要保留。在画放大电路的交流小信号等效电路时，三极管用 h 参数模型替代。使用 h 参数模型的时候一定要注意电流的参考方向，此时得到的电压增益是一个频率函数。依照主教材介绍，当电压增益幅值下降到中频增益（准确的说是增益最大值）的 $\dfrac{1}{\sqrt{2}}$ 时，对应的频率为截止频率，由此可得到低频截止频率 f_{L}。

本题要求计算放大器的低半功率点，功率增益的定义为

$$A_{\mathrm{p}} = \frac{U_{\mathrm{o}}^2 / R_{\mathrm{o}}}{U_{\mathrm{s}}^2 / R_{\mathrm{i}}} = \frac{U_{\mathrm{o}}^2}{U_{\mathrm{s}}^2} \cdot \frac{R_{\mathrm{i}}}{R_{\mathrm{o}}}$$

其与电压增益的关系为 $A_{\mathrm{p}} = \dfrac{U_{\mathrm{o}}^2 / R_{\mathrm{o}}}{U_{\mathrm{s}}^2 / R_{\mathrm{i}}} = A_{\mathrm{u}}^2 \times \dfrac{R_{\mathrm{i}}}{R_{\mathrm{o}}}$。显然，功率增益下降一半时的频率点就是电路的截止频率点，所以放大电路的下限截止频率 f_{L} 就是放大器的低半功率点。

试题8（东南大学）

已知试题8图所示电路，求解 A_{u}、R_{i} 和 R_{o}。

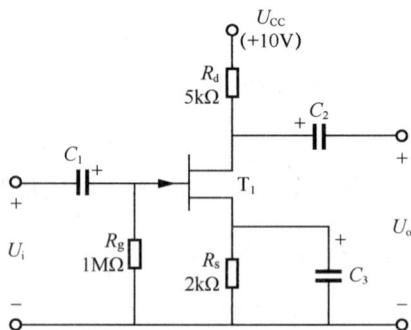

试题 8 图　共源放大电路

考核知识点及解题分析

本题考核的知识点是共源放大电路的分析方法，仅要求进行动态分析。其分析思路是首先画出放大电路的交流通路，然后利用场效应管等效模型画出电路的低频小信号等效电路。

由于场效应管是电压控制器件，因此在计算放大电流的输入电阻、输出电阻和电压增益时是有经验可循的。如在分析电压增益 $A_{\mathrm{u}} = \dfrac{U_{\mathrm{o}}}{U_{\mathrm{i}}}$ 时，已知在恒流区漏极电流 $i_{\mathrm{d}} = g_{\mathrm{m}} u_{\mathrm{GS}}$，其跨导增益 g_{m} 近似为确定的常数；但是放大电路在工作过程中的输入 U_{i}、输出 U_{o} 是一个随机变量，在分析 A_{u} 时的一个经验就是将输入 U_{i}、输出 U_{o} 均用以 u_{GS} 为变量的线性表达式来表达，如 $U_{\mathrm{i}} = f_{\mathrm{i}}(u_{\mathrm{GS}})$，$U_{\mathrm{o}} = f_{\mathrm{o}}(u_{\mathrm{GS}})$；这样在分析电压增益 $A_{\mathrm{u}} = \dfrac{U_{\mathrm{o}}}{U_{\mathrm{i}}}$ 时可以把分子和分母中的 u_{GS} 项约掉，得到电压增益表达式；然后根据已知电路的具体参数计算出增益值。在分析输入电阻和输出电阻时可采取同样的分析思路。

3.3 放大电路的频率响应试题

试题9（北京科技大学）

已知某电路电压增益表达式为

$$A_o = \frac{-10\mathrm{j}f}{\left(1+\mathrm{j}\dfrac{f}{10}\right)\left(1+\mathrm{j}\dfrac{f}{10^3}\right)}$$

（1）试求 A_{om}、f_L、f_H。

（2）画出波特图（包括幅频特性与相频特性）。

考核知识点及解题分析

本题考核的知识点是放大电路的频率响应分析方法。

依据电路放大增益表达式的标准式，依照主教材介绍的波特图绘制方法，绘制幅频特性和相频特性波特图，这样可快速得到电路的中频增益 A_{om}、低频截止频率 f_L 和高频截止频率 f_H。

试题10（清华大学）

如果一个放大电路电压增益的表达式为 $A_u = \dfrac{-500\left(\dfrac{\mathrm{j}f}{100}\right)}{\left(1+\dfrac{\mathrm{j}f}{100}\right)\left(1+\dfrac{\mathrm{j}f}{10^7}\right)}$，频率单位为Hz，其中频增益为_____，上限截止频率为_____，下限截止频率为_____，中频时输出电压和输入电压之间的相位差为_____。

考核知识点及解题分析

本题考核的知识点是放大电路的频率响应分析方法。

应该首先根据增益表达式绘制其幅频特性和相频特性的波特图，然后根据波特图得到所需要的结果。

试题11（西北工业大学）

已知某晶体管电流放大倍数的频率波特图如试题11图所示，分别指出该晶体管的 ω_β、ω_T 各为多少。

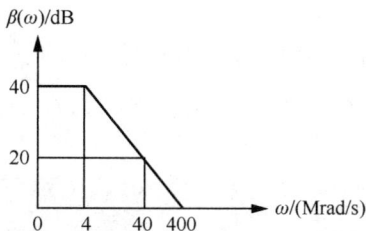

试题 11 图　某晶管电流放大倍数的频率波特图

考核知识点及解题分析

本题考核的知识点是三极管共射截频、特征频率的概念及物理意义。

根据晶体管电流放大倍数 $\beta(\omega)$ 的频率波特图，就可以得到所需要的结果。题目中的 ω_β、ω_T 分别是 $\beta(\omega)$ 的截止角频率和特征角频率。根据其定义，观察图3.13，显然 $\omega_\beta = 4\mathrm{Mrad/s}$，

$\omega_{\mathrm{T}} = 400\mathrm{Mrad/s}$。

试题12（中国科学技术大学）

已知某放大器电压增益函数的幅频响应波特图如试题12图所示。

（1）试写出该电压增益函数的表达式。

（2）若将两个相同的具有如试题12图所示幅频响应的放大电路级联，问放大器的上限截止频率f_{H}和下限截止频率f_{L}各等于多少？

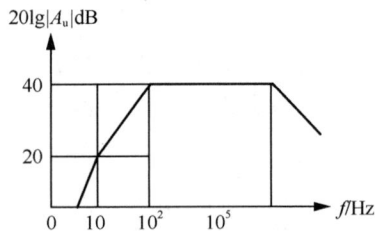

试题 12 图　某放大器电压增益函数的幅频响应波特图

考核知识点及解题分析

本题考核的知识点是放大电路的频率响应分析方法。

（1）根据电路电压增益函数表达式的标准式，可以绘制幅频特性和相频特性的波特图。同样，根据电压增益函数的波特图，可以写出其增益表达式的标准式。观察图3.14，电压增益函数的表达式为

$$A_{\mathrm{u}} = \frac{A_{\mathrm{o}}(\mathrm{j}f)^2}{\left(1 + \dfrac{\mathrm{j}f}{10}\right)\left(1 + \dfrac{\mathrm{j}f}{10^2}\right)\left(1 + \dfrac{\mathrm{j}f}{10^5}\right)}$$

假设$A_{\mathrm{o}} = 1$，即$20\lg A_{\mathrm{o}} = 0\mathrm{dB}$，根据电压增益函数的表达式，中频增益应为60dB。但是图试题12图给出的是40dB，说明$20\lg A_{\mathrm{o}} = -20\mathrm{dB}$，所以$A_{\mathrm{o}} = 0.1$。

（2）若将两个相同的具有如图3.14所示幅频响应的放大电路级联，电压增益为

$$A_{2\mathrm{u}} = A_{\mathrm{u}}{}^2 = \frac{A_{\mathrm{o}}^2(\mathrm{j}f)^4}{\left(1 + \dfrac{\mathrm{j}f}{10}\right)^2\left(1 + \dfrac{\mathrm{j}f}{10^2}\right)^2\left(1 + \dfrac{\mathrm{j}f}{10^5}\right)^2}$$

通过幅频特性波特图可知截止频率不变，但波特图使用的是幅频特性渐近线的绘图方法，存在一定的误差。截止频率的定义是当增益幅值下降为其最大值A_{m}的$\dfrac{1}{\sqrt{2}} = 0.707$（即下降3dB）时对应的频率。若已知高低频增益函数A_{u}上限截止频率f_{H}和下限截止频率f_{L}，当两个相同的放大电路级联时，其电压增益为$A_{\mathrm{u}}{}^2$，最大值是A_{m}^2，增益幅值下降为最大值A_{m}^2的$\dfrac{1}{\sqrt{2}} = 0.707$（即下降3dB）时对应的频率，应是增益$A_{\mathrm{u}}$幅值下降为最大值$A_{\mathrm{m}}$的$\dfrac{1}{2^{1/4}} = 0.841$（即下降1.5dB）时对应的频率，所以下限截止频率较f_{L}略有增大，上限截止频率较f_{H}略有减小。

3.4　负反馈放大电路试题

试题13（浙江大学）

写出试题13图（a）所示电路中的R_{f}，试题13图（b）所示电路中的R_{f}、C_1，试题13图（c）所示电路中R_1、R_{f1}的反馈类型。

（a）电路1

（b）电路2

（c）电路3

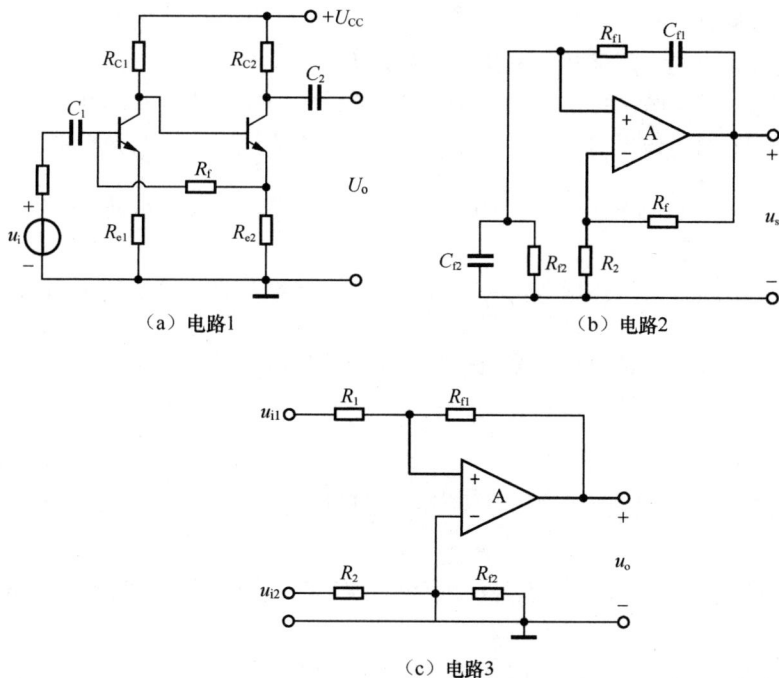

试题 13 图　负反馈放大电路

考核知识点及解题分析

本题考核的知识点是负反馈放大电路的判断方法。题中已给出了反馈网络的组成，仅需要判断反馈类型。

试题13图（a）是电流并联负反馈放大电路；

试题13图（b）是电压并联正反馈放大电路；

试题13图（c）中，对于输入信号 u_{i1} 是电压并联正反馈放大电路，对于输入信号 u_{i2} 是电压串联正反馈放大电路。

试题14（北京邮电大学）

试题14图所示电路为深度负反馈放大电路。

（1）试判断试题14图中有几个反馈，各个反馈的极性和类型是什么？

（2）估算放大电路的电压增益 $A_u = \dfrac{U_o}{U_i}$（图中的电容器均可视为短路）。

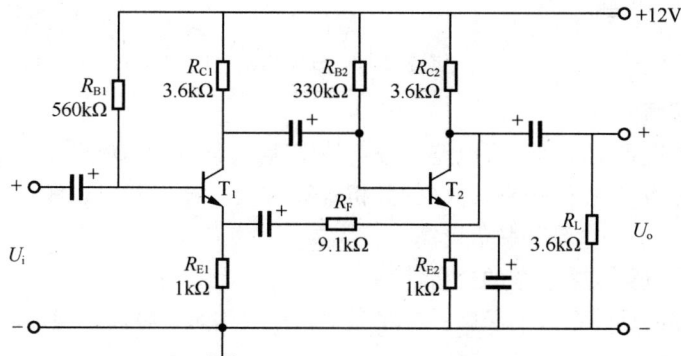

试题 14 图　深度负反馈放大电路

考核知识点及解题分析

本题考核的知识点是负反馈放大电路的判断方法。

（1）经过判断，图3.16中的放大电路有级间反馈，类型为交流电压串联负反馈；两个单级放大电路中，初级具有交直流电流串联负反馈，第二级具有直流电流串联负反馈。

（2）计算 $A_u = \dfrac{U_o}{U_i}$ 的思路是默认试题14图所示的二级级联放大电路满足深度负反馈条件。先计算反馈系数B，由此可知闭环增益为 $\dfrac{1}{B}$。B的单位与反馈类型有关。经分析可知，图3.16中放大电路的级间反馈类型为交流电压串联负反馈，反馈系数 $B_u = \dfrac{U_f}{U_o} = \dfrac{R_{E1}}{R_{E1} + R_F}$。

试题15（武汉大学）

在图3.17所示的电路中。

（1）指出电路中有哪些交流反馈，判断其是正反馈还是负反馈，并说明属于4类反馈中的哪一类。

（2）设试题15图（a）所示电路满足深度负反馈的条件，试推出电路的闭环电压增益 A_u 的近似表达式。

（3）在试题15图（a）中，试指出运放A组成了什么电路，并简述其组成电路的最突出的优点。

（4）在试题15图（a）中，若要求既降低输入电阻又有稳定的输出电压，图中的连线应做哪些变动？请重新画电路图。

（5）对于试题15图（b），请计算反馈系数B。

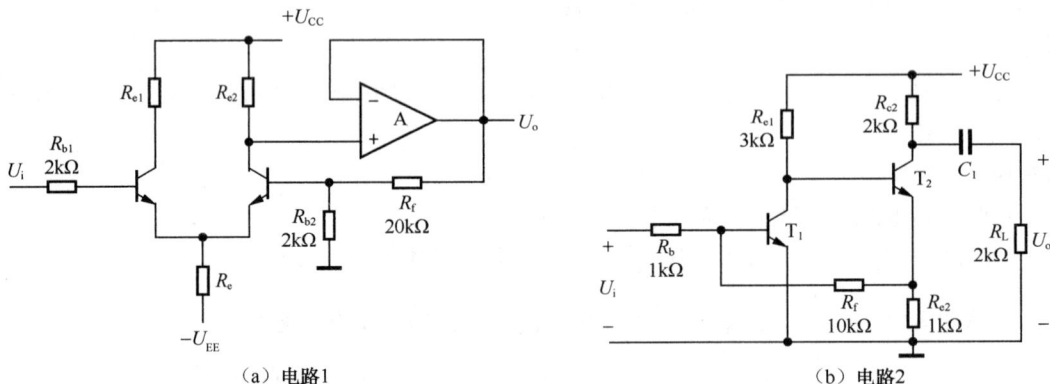

（a）电路1　　　　　　　　　　　　　（b）电路2

试题 15 图　放大电路

考核知识点及解题分析

本题考核的知识点是负反馈放大电路的分析与设计，具体内容如下。

（1）负反馈的判断方法及反馈系数B的分析计算方法。经判断，试题15图（a）是电压串联负反馈，试题15图（b）是电流并联负反馈。

（2）负反馈放大电路反馈系数的分析计算。

分析串联负反馈的反馈系数的经验：电路为串联负反馈时，将反馈引入端开路，由此可计算反馈系数 $B_U = \dfrac{U_f}{U_o} = \dfrac{R_{b2}}{R_{b2} + R_f}$，深度负反馈情况下 $A_u = \dfrac{1}{B_U} = 1 + \dfrac{R_f}{R_{b2}}$。

分析并联负反馈反馈系数的经验：电路为并联负反馈时，将输入引入端接地，由此可计算反馈系数 $B_1 = \dfrac{I_f}{I_o} = \dfrac{R_{e2}}{R_{e2}+R_f}$ ，深度负反馈情况下， $A_u = \dfrac{I_o}{I_i} \approx \dfrac{1}{B_1} = 1 + \dfrac{R_f}{R_{e2}}$ ，由此可以得到闭环电压增益为

$$A_u = \frac{U_o}{U_i} = \frac{I_o(R_c /\!/ R_L)}{I_i R_b} = A_I \frac{R_c /\!/ R_L}{R_b}$$

（3）同相比例放大电路在反馈电阻为0时构成电压跟随器的特性。在试题15图（a）中，运放A组成的电压跟随器的特点是增益为1，输入电阻无穷大，输出电阻为0。

（4）反馈对于放大电路性能的影响。在输入端，并联负反馈可以减小输入电阻，串联负反馈可以增大输入电阻；在输出端，电压负反馈可以减少输出电阻，电流负反馈可以增大输出电阻。电压负反馈可以稳定输出电压，电流负反馈可以稳定输出电流。在试题15图（a）中，通过修改电路，希望既能够降低输入电阻又有稳定的输出电压，其反馈类型应为电压并联负反馈。

（5）对于试题15图（b），反馈系数B的分析计算过程已在本题解析分析的"（2）负反馈放大电路反馈系数的分析计算"中进行了分析，在此不再赘述。

3.5　模拟集成放大电路基础（差放、功放电路）试题

试题16（武汉大学）

在试题16图所示电路中，设 $U_{CC} = U_{EE} = 12V$ ；晶体管电容 T_1、T_2 具有相同的特性且工作在线性区域， $\beta = 30$ ， $r_{bb'} = 200\Omega$ ， $U_{BEQ} = 0.6V$ ；电阻 $R_C = 5k\Omega$ ， $R_b = 0$ 。在输入电压 $U_{i1} = -U_{i2}$ 时测得集电极对地电位 $U_{C1} = 5V$ ， $U_{C2} = 9V$ 。

（1）求射极电阻 R_e 的值；

（2）求输入电压 U_{i1} 和 U_{i2} 的大小。

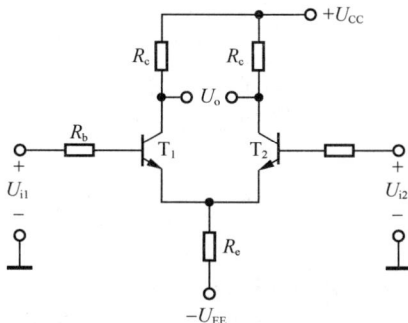

试题 16 图　差分放大电路

考核知识点及解题分析

本题考核的知识点是差分放大电路的分析方法。这是一个典型的CE组态差分放大电路，双端输入，双端输出。

（1）计算 R_e 的思路。静态即输入为0时，差放电路中T_1、T_2的基极和集电极的电流、电压均相等。根据已知条件，在输入电压 $U_{i1} = -U_{i2}$ 时，分解得到的共模输入信号为0，差模信号就是 U_{i1}、U_{i2}。此时测得集电极对地电位 $U_{C1} = 5V$ ， $U_{C2} = 9V$ ，该电位是T_1、T_2集电极共模输入和

差模输入时的输出之和。差模输入时集电极电压大小相等，极性相反，共模输入时集电极电压大小相等，极性相同。由此可知共模输入时 T_1、T_2 的集电极电压值就是测得的集电极对地电位的平均值。对于本题，共模输入为0，$U_{CQ1} = U_{CQ2} = \dfrac{5+9}{2} = 7V$，$T_1$、$T_2$ 的集电极电流 $I_{CQ1} = \dfrac{U_{CC} - U_{CQ1}}{R_C}$；之后根据直流通路中的输入回路计算射极电阻，输入回路方程为 $I_{BQ1}R_b + U_{BEQ} + 2I_{CQ1}R_e = U_{EE}$，由此可以计算 R_e。

（2）分析计算输入电压 U_{i1}、U_{i2} 的大小的思路。输入电压 $U_{i1} = -U_{i2}$ 时测得集电极对地电位 $U_{C1} = 5V$，$U_{C2} = 9V$，此时 $U_{C1} = U_{CQ1} + u_{c1} = 5V$，$U_{C2} = U_{CQ2} + u_{c2} = 9V$。由于差模输入时 $u_{c1} = -u_{c2}$，所以双端 $U_o = U_{C1} - U_{C2} = 5-9 = -4V$。根据电路参数计算出典型差放电路的差模增益 A_{ud}，再根据增益定义 $A_{ud} = \dfrac{U_o}{U_{id}}$，将 U_o 代入即可计算出 U_{id}。由于 $U_{id} = U_{i1} - U_{i2} = 2U_{i1}$，由此得解。

试题17（北京师范大学）

差分放大电路如试题17图所示，$\beta = 60$，$r_{bb'} = 300\Omega$，$U_{BE} = 0.6V$。

（1）计算两管的集电极静态电流。

（2）计算共模抑制比。

（3）若输入信号 $u_i = 10\sin\omega t(mV)$，试定量画出 u_o 的波形。

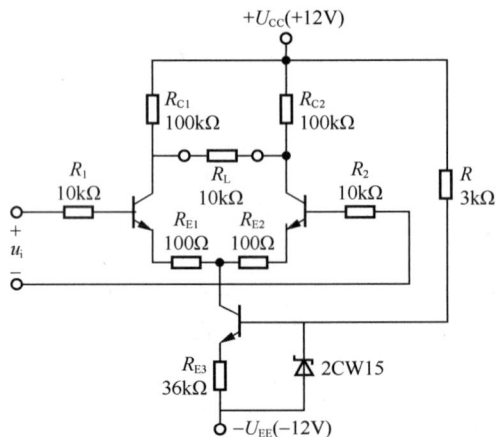

试题 17 图　差分放大电路

考核知识点及解题分析

本题考核的知识点是差分放大电路的分析方法。

这是恒流源CE组态的差分放大电路，单端输入，双端输出。需要说明的是，该电路从结构上看，单端输入与双端输入并不完全相同，但分析过程中近似等效，具体分析过程详见参考文献[10]和[11]。

在本电路中，恒流源电路的作用有两个：一是为差放电路提供静态偏置电流，二是作为有源负载替代射极大电阻。

（1）两个三极管的集电极静态电流分析思路。根据差放电路的结构可知，两个三极管构成的基本放大电路是对称的，故恒流源电流是两个三极管的射极电流之和，或者说每个三极管的射极电流是恒流源电流的一半。

（2）计算共模抑制比的分析思路。通常来讲需要先分别计算电路的差模增益和共模增益，然后再计算二者之比。但是如果认为差放电路是理想对称的，共模输出为0，这样无论差模增益是多少，共模抑制比都是无穷大。

（3）画出输入信号 $u_i = 10\sin\omega t(\text{mV})$ 时输出 u_o 波形的思路。放大电路的特点就是不失真地放大输入信号，但是本题仅画出输出波形是不够的，应该画出输入、输出对应的波形，明确输出波形和输入波形的相位关系。这是一个CE组态的差放电路，输出和输入波形反相。

试题18（北京理工大学）

由理想运放驱动的OCL功率放大电路如试题18图所示。设运放最大输出电压幅度为 ±12V，最大输出电流为10mA，三极管 T_1、T_2 的 $U_{BE} = 0.7V$，$U_{CES} = 2V$，则负载电阻上获得的最大功率 $P_{om} =$ _____，每只晶体管的最大管耗 $P_{Tm} =$ _____，该电路的电压增益 $A_u =$ _____。

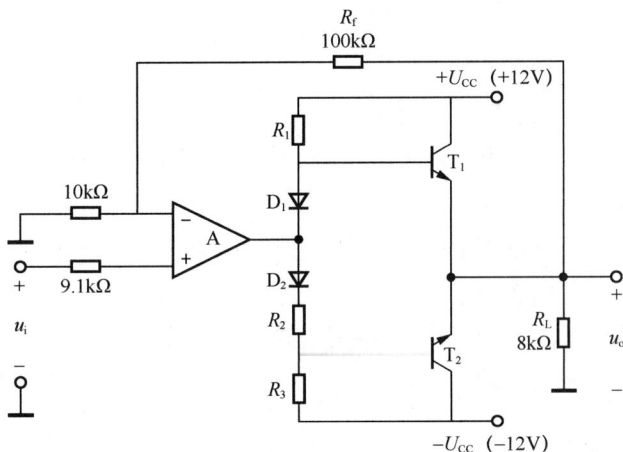

试题 18 图　OCL 功率放大电路

考核知识点及解题分析

本题考核的知识点主要是功率放大电路（简称功放）及负反馈、级联电路的分析方法。这是一个两级级联放大电路，第一级是运放A，第二级是甲乙类功放电路，级间反馈类型为电压串联负反馈。

（1）功放电路参数分析的思路。本题要求分析计算功放的参数有两个，一是最大功率 P_{om}，二是晶体管的最大管耗 P_{Tm}，参照主教材中的分析方法分析即可。需要注意的是电路中三极管的饱和压降是 $U_{CES} = 2V$，比前面章节介绍到的低频小信号放大电路中用到的小功率管的饱和压降大许多，因此输出电压的峰值为10V。

（2）深度负反馈情况下的电压增益分析思路。本题中电路输入信号经过运放A放大后再经过OCL功放电路，之后通过反馈网络形成电压串联负反馈，可认为满足深度负反馈条件。根据反馈系数的计算公式 $B_U = \dfrac{R}{R + R_f}$，深度负反馈时电路的闭环增益 $A_u = \dfrac{1}{B_U}$。

试题19（大连理工大学）

单电源功率放大电路如试题19图所示。

（1）说明 T_1、T_2、D_1、D_2 的作用。

（2）为实现输出幅度正负对称，A点电位应调到多大？

（3）电阻R_1引入了何种反馈，作用如何？

（4）若T_1、T_2的$|U_{CES}| = 2V$，求最大不失真输出功率和电源转化效率。

（5）T_1、T_2的P_{CM}、I_{CM}和$|U_{(BR)CEO}|$应如何选择？

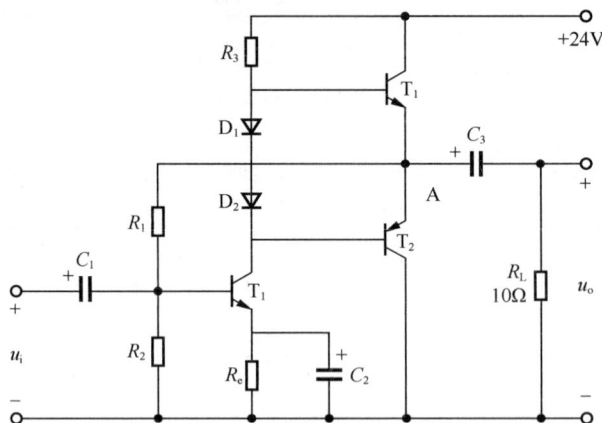

试题 19 图　单电源功率放大电路

考核知识点及解题分析

本题考核的知识点是功率放大电路（简称功放）的分析方法，还涉及了负反馈分析方法。这是一个单电源功放，级间反馈类型是电压并联负反馈。

（1）单电源功放的参数分析、器件选择及消除交越失真的分析方法。电路中T_1、T_2交替工作，输入为双极性信号时轮流导通，满足放大需求；D_1、D_2为T_1、T_2提供微导通的偏置电压，克服功放的交越失真。

（2）单电源功放的工作原理分析方法。由于电路是单电源供电，为实现输出幅度正负对称，A点电位应调到电源电压值+24V的一半。电路静态时，输出回路中的电容C_3通过初始充电过程使其两端电压为12V。电路中T_1、T_2交替工作，电路中电源为T_1的工作电源，大电容C_3存储的电荷为T_2的工作电源，同时C_3也是输出耦合电容。

（3）功放电路参数的分析计算方法。在主教材中，为了简化分析，假设功放电路中晶体管的饱和压降近似为零，这样输出最大电压近似为电源电压。但在本题中需要注意的是，电路中三极管的饱和压降$|U_{CES}| = 2V$，因此在计算单电源功放最大输出功率的时候，其输出电压的范围是$\pm 10V$，而不是$\pm 12V$。

（4）负反馈放大电路的判断方法。由主教材介绍的判断方法可知该电路是电压并联负反馈。

3.6 基于运放的信号运算与处理电路试题

试题20（南开大学）

试题20图所示是一个模拟乘法器电路，3个二极管的反向电流相同，均为I_s，A_1、A_2、A_3和A_4均为理想运放。

（1）简述各运放的功能。

（2）输入为U_1和U_2时，求输出电压U_o。

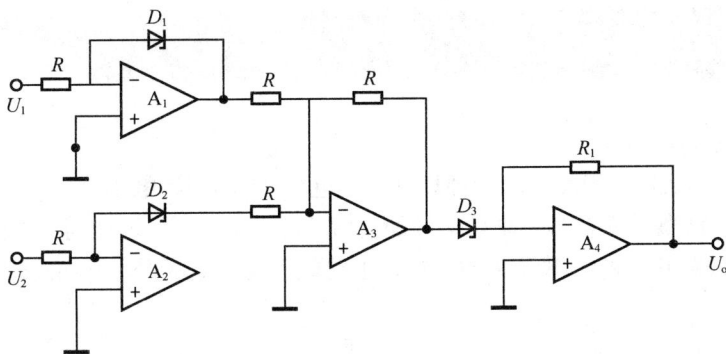

试题 20 图 模拟乘法器电路

考核知识点及解题分析

本题考核的知识点是基于运放的信号运算与处理电路分析方法。

电路中A_1和A_2及其外围电路构成对数运算电路，A_3及其外围电路构成反相加法电路，A_4及其外围电路构成指数运算电路。由于$e^{\ln U_1 + \ln U_2} = U_1 \cdot U_2$，显然这是一个乘法电路。对数运算电路、指数运算电路的形式及其分析方法详见参考文献[10]和[11]。

试题21（浙江大学）

电路如试题21图所示，已知$R_1 = R_2 = R_3 = 12\text{k}\Omega$，$R_4 = R_5 = R_6 = R_7 = 1\text{k}\Omega$，各集成运放的性能可视为理想。

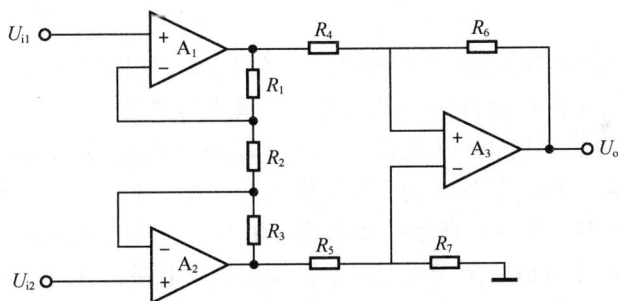

试题 21 图 运算放大电路

（1）计算该电路的差模电压增益A_d、共模电压增益A_C及共模抑制比K_{CMR}。

（2）若R_5因故障增大了4%，其他元件参数不变，计算此时的A_d、A_C及K_{CMR}。

考核知识点及解题分析

本题考核的知识点是基于运放的信号运算与处理电路分析方法。

电路中A_1和A_2及其外围电路构成负反馈电路，利用其"虚短""虚断"特征，可得$\frac{U_{o1}-U_{o2}}{R_1+R_2+R_3} = \frac{U_{i1}-U_{i2}}{R_2}$，显然$A_1$和$A_2$及其外围电路构成差放电路。$U_{o1}-U_{o2} = \frac{R_1+R_2+R_3}{R_2}(U_{i1}-U_{i2})$，其中$U_{o1}$和$U_{o2}$分别是运放$A_1$和$A_2$的输出电压。

A_3及其外围4个电阻构成典型的减法电路，其工作原理详见主教材。

3.7 波形发生电路试题

试题22（南京大学）

电路如试题22图所示，设$A_1 \sim A_3$为理想运放，电容C上的初始电压$U_C=0$。

（1）若U_i为0.11V的阶跃信号，求该信号加上后，U_{o1}、U_{o2}、U_{o3}所达到的数值。

（2）若从U_{o1}处断开，将U_{o3}接至R_5端，指出电路能否构成振荡器，并简述理由。

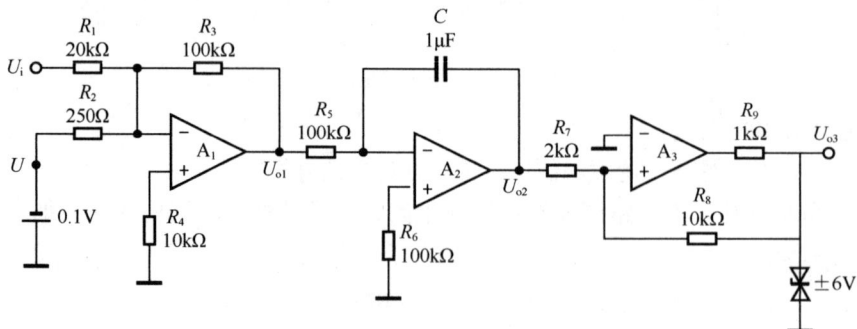

试题 22 图　波形发生电路

考核知识点及解题分析

本题考查的知识点是反相加法器、积分器、同相输入迟滞电压比较器的工作原理和矩形波电路的工作原理。

（1）电路中A_1及周边电路组成反相加法器，A_2及周边电路组成积分器，A_3及周边电路组成迟滞电压比较器，其工作原理在主教材有详细介绍，在此不再赘述。

（2）若从U_{o1}处断开，将迟滞电压比较器的输出U_{o3}接至R_5左端（即积分器输入端），则构成矩形波发生电路，在输入为0的情况下输出周期性的矩形波，所以也称为矩形波振荡信号，具体工作原理详见主教材。与主教材中典型的矩形波发生电路不同的地方是：主教材中的积分电路是RC电路，而本题中的积分电路是典型的基于运放的积分电路，电路形式不同，但是工作原理相同。

试题23（北京航空航天大学）

波形发生电路如试题23图所示，$R_{W2} \gg R_{W1}$，定义占空比是U_{o1}输出高电平持续时间与振荡周期之比。当改变第一级电路参数时其他参数不变，选择（①增大；②不变；③减小）之一填入每个空内。

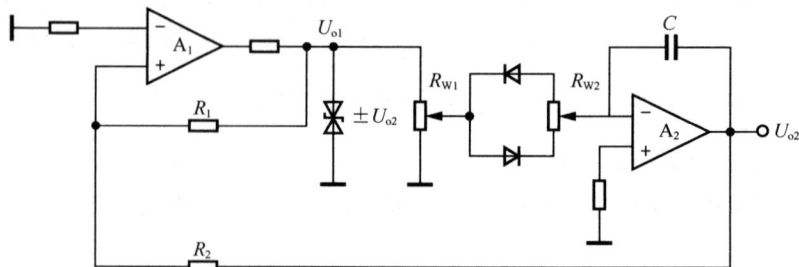

试题 23 图　波形发生电路

R_1增大时，U_{o1}的占空比_____，振荡频率_____，U_{o2}幅度_____；

R_{W1}滑动端上移时，U_{o1}的占空比_____，振荡频率_____，U_{o2}幅度_____；

R_{W1}滑动端下移时，U_{o1}的占空比_____，振荡频率_____，U_{o2}幅度_____。

考核知识点及解题分析

本题考核的知识点是锯齿波信号发生器的工作原理，其相关内容详见主教材，在此不再赘述。

3.8 直流稳压电源试题

试题24（浙江大学）

串联型稳压电路如试题24图所示，稳压管D_Z的稳压电压$U_Z = 5.3V$,晶体管的$U_{BE} = 0.7V$，电阻$R_1 = R_2 = 200\Omega$。

（1）试说明电路的如下部分分别由哪些元器件构成：①调整管；②放大环节；③稳压环节；④取样环节。

（2）当R_W的滑动端在最下端时，$U_o = 15V$，求R_W的值。

（3）若R_W的滑动端在最上端时，计算U_o的值。

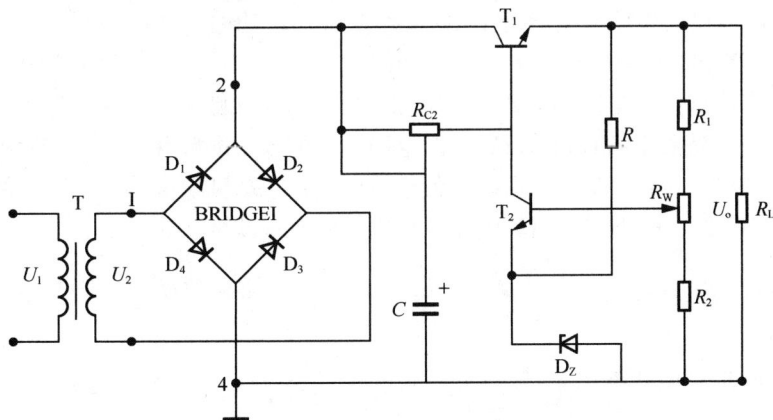

试题 24 图　串联型稳压电路

考核知识点及解题分析

本题考核的知识点是直流稳压电源。试题24图所示电源电路中有变压器T、二极管桥式整流电路、RC滤波电路、串联型稳压电路。

（1）串联型稳压电路由4部分组成，其中T_1是调整管，T_2是放大环节，D_Z和R构成稳压环节，R_1、R_W和R_1构成取样环节。

（2）假设取样环节的电路中流入T_2基极的电流远小于流过R_W的电流，当R_W的滑动端在最下端时，$\dfrac{U_o}{R_1 + R_W + R_2} = \dfrac{U_Z + U_{BE}}{R_2}$，根据已知条件可得到$R_W$的值。

（3）当R_W的滑动端在最上端时，则$\dfrac{U_o}{R_1 + R_W + R_2} = \dfrac{U_Z + U_{BE}}{R_W + R_2}$，根据题目已知条件和$R_W$的值，可计算出$U_o$。

试题25（北京航空航天大学）

简述如试题25图所示电路能够完成的功能，指出反馈组态；简述其原理并求出输出电压的变化范围。

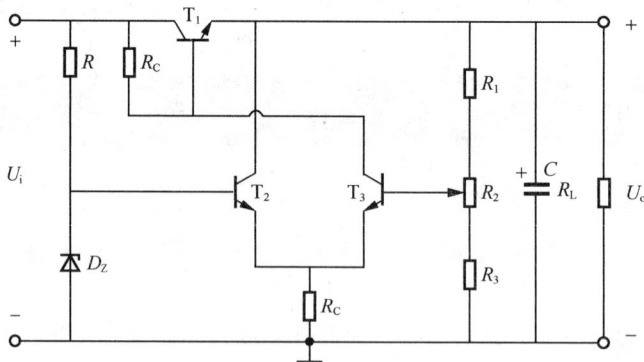

试题 25 图　试题 25 电路

考核知识点及解题分析

本题考核的知识点是串联型稳压电路，考查学生的识图能力和电路分析能力。

图3.27中的输入U_i是串联型稳压电路的输入电压，U_o是输出。串联型稳压电路由4部分组成，T_1是调整管，T_2和T_3是构成放大环节，D_Z和R构成稳压环节，R_1、R_2和R_3构成取样环节。

需要注意的有两点：一是识图，通过对本课程的学习，能够确定这是串联型稳压电路而不是其他功能的电路；二是要了解T_2和T_3及其外围电路组成的放大电路并不是完全对称的差放电路。通过分析可知，如果T_2和T_3的发射结压降近似相等，则T_3的基极电位等于稳压管的稳压值U_Z。假设T_3基极电流远小于R_1、R_2和R_3支路的电流，可以列写方程计算U_o。

当滑动电阻R_2滑动端在最下端时，$\dfrac{U_{omax}}{R_1 + R_2 + R_3} = \dfrac{U_Z}{R_3}$，可解得$U_{omax}$。

当滑动电阻R_2滑动端在最上端时，$\dfrac{U_{omin}}{R_1 + R_2 + R_3} = \dfrac{U_Z}{R_2 + R_3}$，可解得$U_{omin}$。

3.9　综合类试题

试题26（北京理工大学）

如试题26图所示电路，已知T_1的g_m和T_2的β、r_{be}，试写出电压增益A_u的表达式。

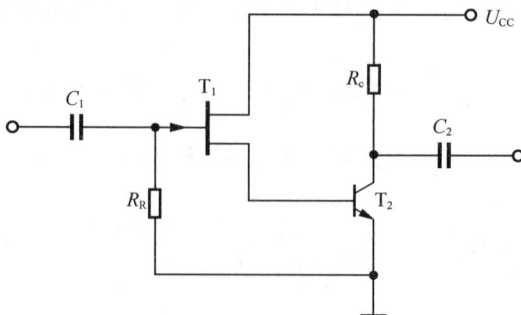

试题 26 图　试题 26 电路

考核知识点及解题分析

本题考核的是级联放大电路的分析方法。对级联数量较少（如本题的两级级联）的放大电路的分析计算，建议通过画等效电路图的方法直接进行分析计算。

题中的第一级是共漏放大电路，第二级是CE组态放大电路。在分析电压增益时，首先画出电路的交流通路；然后利用场效应管和三极管的低频小信号模型画出级联放大电路的低频小信号等效电路；最后计算电压增益。

试题27（浙江大学）

如试题27图所示电路，已知T_1的$g_m=10\text{ms}$，T_2的$\beta = 100$。

（1）求T_2的静态工作点。

（2）画出微变等效电路。

（3）求R_i、R_o和A_u。

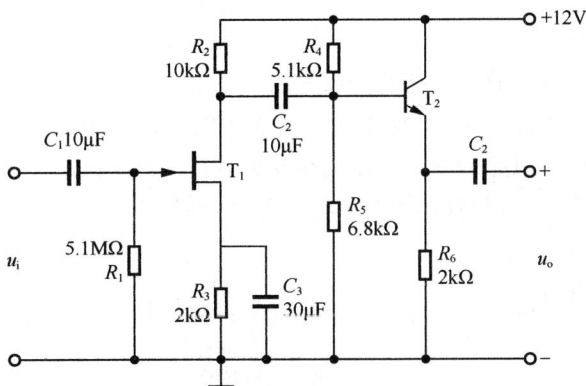

试题 27 图　试题 27 电路

考核知识点及解题分析

本题考核的是级联放大电路的分析方法。这是一个两级级联放大电路，第一级是共源场效应管放大电路，第二级是CC组态三极管放大电路，二者之间采用阻容耦合方式。阻容耦合的特点是各个基本放大电路的静态工作点相互独立，互不干扰。

（1）计算放大电路的静态工作点时，首先画直流通路。电路中两个单元电源直流通路独立，互不干扰，其计算过程在主教材中已经详细介绍，在此不再赘述。计算结果为$I_{CQ2} = 3.079\text{mA}$，$U_{CEQ2} = 5.843\text{V}$。

（2）画放大电路的微变等效电路时，首先画交流通路，然后分别利用场效应和三极管的低频小信号模型画出放大电路的微变等效电路，也称为低频小信号等效电路。

（3）级联放大电路的输入电阻也就是第一级放大电路的输入电阻，输出电阻是最后一级（本题就是第二级放大电路）的输出电阻。依照输入电阻和输出电阻的定义分析计算即可，计算结果为$R_i = 5.1\text{M}\Omega$，$R_o = 22.31\Omega$，$A_u = -22.31$。

试题28（国防科技大学）

二级放大电路如试题28图所示。

（1）计算T_1、T_2的静态工作点。

（2）计算电压增益 $A_u = \dfrac{U_o}{U_i}$。

（3）计算输入电阻r_i和输出电阻r_o。

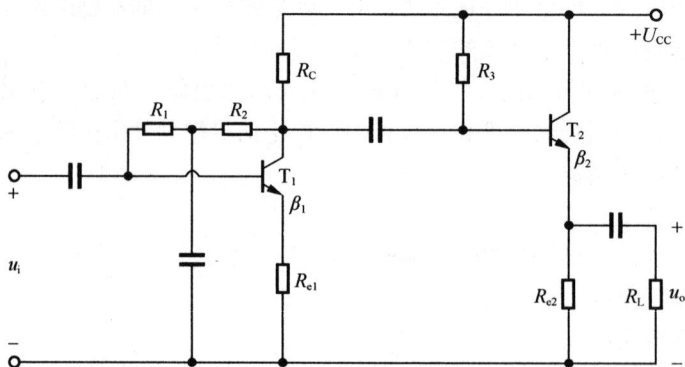

试题 28 图　二级放大电路

考核知识点及解题分析

本题考核的知识点是级联放大电路的分析方法。

第一级是CE组态放大电路，第二级是CC组态放大电路，二者之间采用阻容耦合方式。阻容耦合的特点是各个基本放大电路的静态工作点相互独立，互不干扰。

本题的分析计算思路和过程与试题27相同，这里不再赘述。

经分析计算，结果如下。

（1）T_1的静态工作点为

$$I_{B1} = \frac{U_{CC} - U_{BE1}}{R_1 + R_2 + \beta_1(R_C + R_{e1})}$$

$$I_{C1} = \beta_1 I_{B1}$$

$$U_{CE1} = U_{CC} - \beta_1(R_C + R_{e1})$$

T_2的静态工作点为

$$I_{B2} = \frac{U_{CC} - U_{BE2}}{R_3 + (1 + \beta_2)R_{e2}}$$

$$I_{C2} = \beta_2 I_{B2}$$

$$U_{CE2} = U_{CC} - (1 + \beta_2)R_{e2}$$

（2）电压增益为

$$A_u = \frac{-\beta_1(R_2 /\!/ R_3 /\!/ R_C)/\!/[r_{be2} + (1 + \beta_2)(R_{e2} /\!/ R_L)]}{r_{be1} + (1 + \beta_1)R_{e1}} \cdot \frac{(1 + \beta_2)(R_{e2} /\!/ R_L)}{[r_{be2} + (1 + \beta_2)(R_{e2} /\!/ R_L)]}$$

常温下有

$$r_{be1} = 300 + \frac{26}{I_{B1}}$$

$$r_{be2} = 300 + \frac{26}{I_{B2}}$$

（3）输入电阻为

$$r_i = R_1 /\!/ [r_{be1} + (1 + \beta_1)R_{e1}]$$

输出电阻为

$$r_o = R_{e2} // \left[\frac{r_{be1} + (R_2 // R_3 // R_C)}{1 + \beta_2} \right]$$

试题29（西北工业大学）

电路如试题29图所示，$\beta = 100$，$I_c = 2.9\text{mA}$；电容$C_1 \sim C_4$对交流信号可视为短路，试求电路的电压增益 $A_u = \dfrac{U_o}{U_i}$。

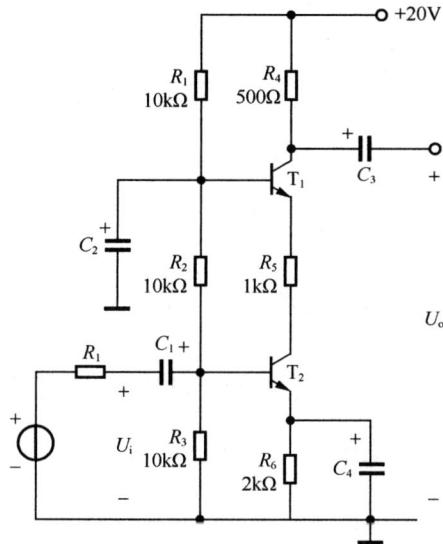

试题 29 图　试题 29 电路

考核知识点及解题分析

本题考核的知识点是级联放大电路的分析方法。对级联数量为二的放大电路建议采用等效电路法。

电路的第一级是CE组态放大电路，第二级是CB组态放大电路，二者之间采用直接耦合方式。通过主教材的内容可知，CE放大电路的通频带比CB和CC组态的小。对于级联放大电路来说，第二级CB组态放大电路的输入电阻就是第一级CE组态放大电路的负载。由于CB组态放大电路具有输入电阻小的特点，而CE组态放大电路的上限截止频率f_H与其输出回路中负载的大小密切相关，负载电阻小，截止频率f_H大，故可利用三极管高频π模型分析电路的高频性能，减小负载电阻可以增大CE组态放大电路的上限截止频率，提高CE组态的通频带，因此CE-CB级联方式能够改善级联放大电路的通频带等性能。

本题的分析思路就是先画交流通路，利用三极管模型画放大电路的低频小信号等效电路；然后推导计算电压增益，计算出数值结果。

试题30（北京邮电大学）

电路试题30图所示，设$\beta_1 = \beta_2 = \beta_3 = \beta$。

（1）静态时，若要求$U_o = 0$，试估算I_o的值。

（2）写出电压增益 $A_u = \dfrac{U_o}{U_i}$、输入电阻R_i、输出电阻R_o的表达式。

（3）如果要稳定输出电流，应增加何种组态的反馈网络？并画出反馈网络。

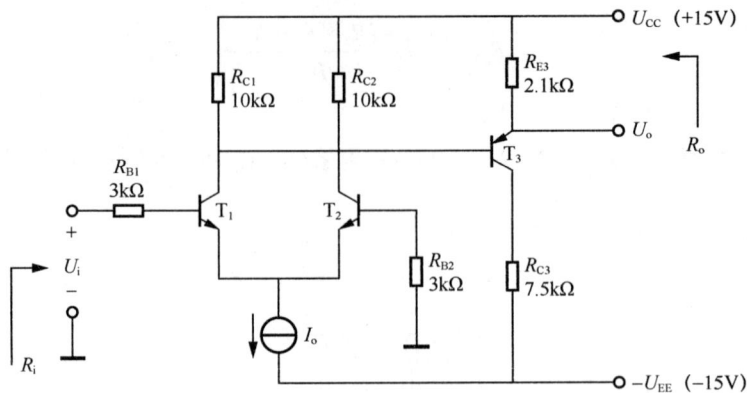

试题 30 图　　试题 30 电路

考核知识点及解题分析

本题考核的是级联放大电路的分析方法。

电路共两级，第一级是CE组态差放电路，第二级是CC组态放大电路，二者之间采用直接耦合的方式。

（1）估算I_o的值的思路。根据T_3的发射结压降，可知T_1的集电极电压$U_{C1} = U_o - U_{BE1} = -U_{BE1}$，可认为$T_3$的基极电流远小于$T_1$的集电极电流。由此可估算$I_{C1} = \dfrac{U_{CC} - U_{C1}}{R_C}$，根据差放特性，可得$I_o = 2I_{C1}$。

（2）分析推导$A_u = \dfrac{U_o}{U_i}$、输入电阻R_i和输出电阻R_o的思路。画出电路低频小信号等效电路图。若认为共模增益非常小，可以忽略共模放大输出，仅考虑差模输入时的电压增益$A_u = \dfrac{U_o}{U_i}$、输入电阻R_i和输出电阻R_o，此时分析电路为差模输入时的等效电路。

（3）增加电流负反馈可以稳定输出电流。对于本电路，可引入电流串联负反馈。

参考文献

[1] 童诗白，华成英. 模拟电子技术[M]. 5版. 北京：高等教育出版社，2015.

[2] 华成英. 模拟电子技术基础学习辅导与习题解答[M]. 北京：高等教育出版社，2015.

[3] 华成英. 模拟电子技术基本教程[M]. 北京：清华大学出版社，2011.

[4] 康华光. 电子技术基础：模拟部分[M]. 6版. 北京：高等教育出版社，2014.

[5] 孙肖子. 模拟电子电路及技术基础[M]. 3版. 西安：西安电子科技大学出版社，2017.

[6] 王淑娟，蔡惟铮，齐明. 模拟电子技术基础[M]. 北京：高等教育出版社，2009.

[7] 王淑娟. 模拟电子技术基础学习指导与考研指南[M]. 北京：高等教育出版社，2008.

[8] 刘颖，任希，曾涛. 模拟电子技术[M]. 北京：清华大学出版社/北京交通大学出版社，2008.

[9] 刘颖. 电子技术：模拟部分[M]. 2版. 北京：北京邮电大学出版社，2018.

[10] 刘颖，霍炎，李赵红. 模拟电子技术基础[M]. 北京：高等教育出版社，2021.

[11] 刘颖，霍炎，李赵红. 模拟电子技术基础[M]. 北京：人民邮电出版社，2023.

[12] 刘颖，任希，曾涛. 模拟电子技术习题精解及考试真题选编[M]. 北京：清华大学出版社/北京交通大学出版社，2009.

[13] 汪名杰，夏良. 考研专业课真题必练：模拟电路[M]. 北京：北京邮电大学出版社，2013.

[14] 刘颖. 模拟电子技术基础学习指导与题解[M]. 北京：高等教育电子音像出版社，2021.

[15] 张晓林，冯军，刘宝玲，等. 电子线路基础在线试题库及组卷系统[M]. 北京：高等教育出版社/高等教育电子音像出版社，2022.

[16] 侯建军，佟毅，刘颖，等. 电子技术基础实验、综合设计实验与课程设计[M]. 北京：高等教育出版社，2007.

[17] 李金平. 模拟集成电路基础[M]. 北京：清华大学出版社/北京交通大学出版社，2004.